基于响应曲面法（RSM）
优化污泥脱水性能研究

台明青 · 著

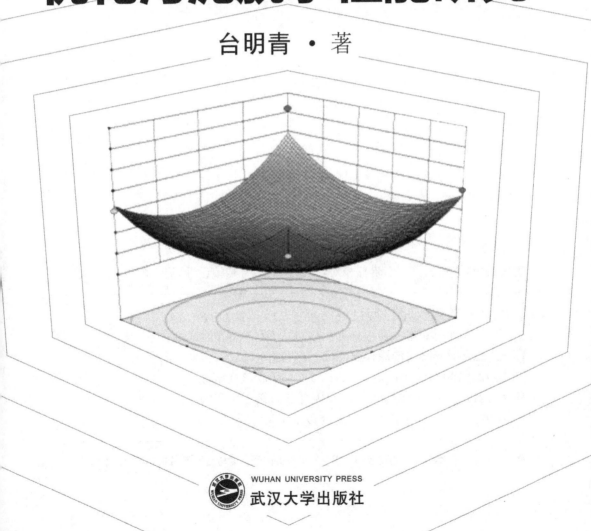

WUHAN UNIVERSITY PRESS
武汉大学出版社

图书在版编目(CIP)数据

基于响应曲面法(RSM)优化污泥脱水性能研究/台明青著.—武汉:武汉大学出版社,2019.3
　　ISBN 978-7-307-20702-8

Ⅰ.基⋯　Ⅱ.台⋯　Ⅲ.污泥脱水—研究　Ⅳ.X703

中国版本图书馆 CIP 数据核字(2019)第 024016 号

责任编辑:方竞男　　　责任校对:李嘉琪　　　装帧设计:吴　极

出版发行:**武汉大学出版社**　　(430072　武昌　珞珈山)
　　　　　(电子邮箱:whu_publish@163.com　网址:www.stmpress.cn)
印刷:北京虎彩文化传播有限公司
开本:720×1000　1/16　　印张:16.5　　字数:321 千字
版次:2019 年 3 月第 1 版　　2019 年 3 月第 1 次印刷
ISBN 978-7-307-20702-8　　　定价:98.00 元

作者简介

台明青，男，1964年生，河南新野县人，博士，现为南阳理工学院土木工程学院教师，高级工程师，主要讲授课程为水处理生物学、水环境监测与评价、物理化学、普通化学等。1984年毕业于河南师范大学化学环保专业，获理学学士学位，同年进入河南省南阳市环境保护局工作。2005年毕业于同济大学理学院，获无机化学理学硕士学位。2010年毕业于西安交通大学生命科学与技术学院，获生物化学与分子生物学理学博士学位。2013年由南阳市环境保护局调入南阳理工学院土木工程学院，从事给排水科学与工程的教学与科研工作。

主要科研方向为污泥共厌氧消化处理与资源化利用、水体富营养化控制与生态修复研究。先后发表学术论文40多篇，作为主持人获得河南省科技进步三等奖4项，拥有国家发明专利4项，出版专著2部，先后被授予南阳市学术技术带头人、南阳市职工职业道德先进个人、河南省人民政府先进个人的称号。

前　言

随着中国社会经济的快速发展和城镇化速度的加快,城市污水和工业用水总量不断增加,城市污水处理厂运行过程中所产生的污泥量也在不断增加。统计数据表明,到 2020 年左右,我国城市建制的污水处理厂产生的污泥总量将突破 6000 万吨(含水率 80%),而且只有 20% 的污泥能进行稳定化处理。城市污泥(也称剩余污泥)是一种由水分、细菌菌体、无机颗粒、有机残片和胶体等组成的多相介质,还存在难以生物降解的有机物、重金属及病原微生物。大量的城市污泥已严重影响了生态环境和城市污水处理厂的正常运行。污泥的处理要求达到资源化、无害化、稳定化和减量化等目的,如何更加高效地处理污泥已经成为全球普遍关注的环境问题。污泥絮体呈胶状结构,且拥有高度亲水性,易与水分子以不同的形式结合在一起,使污泥中的水分很难脱除,影响了污泥的脱水和后续处置利用。而污泥脱水处理是污泥处理和处置过程中最为重要的环节,污泥的脱水处置费用占污水处理总费用的 50% 以上。因此,各国环境科学工作者都致力于污泥脱水性能的技术开发和研究。

本书对城市污泥脱水性能改善系统进行了研究,获得了许多宝贵的研究成果,具体包括高分子聚丙烯酰胺(PAM)、表面活性剂、Fenton 试剂、高铁酸钾、硫酸钙、石灰、超声波、微波、酸化等因素对污泥脱水性能的影响,并重点利用响应曲面法(RSM)开发了优化污泥脱水性能参数的技术,为城市污泥处理提供了重要的研究方法,也为城市污泥研究和应用奠定了基础。

本书在编写过程中,孙涛、潘亮亮、祁影、徐博、邹宏光 、毛翼斐、周亚婷、张楠参加了部分前期研究工作,在此表示衷心的感谢。同时也感谢河南省水资源与生态保护院士工作站对本书出版的大力支持。

由于本人水平有限,衷心地期待同行专家学者对本书提出宝贵意见。

著　者

2019 年 2 月

目　　录

0 绪 论

响应曲面法（response surface methodology，RSM）最早是由英国数学家 Box 和 Wilson 于 1951 年提出来的，现已被全世界接受并被广泛地应用于多因素、多水平的科学研究工作当中，对多因素、多水平的试验研究获得结果具有明显的优势。

RSM 的使用范围包括：寻找因子参数设定使反应值得到最佳结果；确认新的操作条件使产品质量进一步得到提升；当不确定曲线关系是否存在时，构建因子与反应值之间的关系式；当 DOE（试验设计）中发现有曲率（Factorial ＋Ct point）系列化试验＋中心复合（组合）设计（central composition design，CCD）时；当事先已知有曲线，即 3^k 全因子、中心复合（组合）设计（CCD）和 Box-Benhnken 试验设计（BBD）时。

RSM 二次模型的设计类型一般有三种，分别是：3^k 全因子、中心复合（组合）设计（CCD）和 Box-Benhnken 试验设计（BBD）。然而每个设计各有其特点，试验者视其不同情况选择使用。

（1）3^k 全因子法。

共 k 个影响因子，每个影响因子取 3 个试验水平。它的优点是能够估计所有主效果，包括线性的和二次的，缺点是试验次数太多，造成试验浪费。

（2）中心复合（组合）设计（CCD）法。

CCD 是在二水平全因子和分部试验设计的基础上发展起来的一种试验设计方法，很显然，它是二水平全因子和分部试验设计的拓展。通过给二水平试验增加了一个设计点（相当于增加了一个水平），对评价指标和影响因素之间的非线性关系进行评估，常用于因素对非线性影响的试验测试设计。

该方法的特点是：① 可以进行 2～6 个影响因素的试验；② 试验次数一般为 14～49 个，2 因素 12 次，3 因素 20 次，4 因素 30 次，5 因素 54 次，6 因素 90 次；③ 可以评估因素的非线性影响；④ 适用于所有试验因素为计量值数末尾的试验；⑤ 使用时一般按三个步骤进行，先进行二水平全因子或分部试验设计，然后加上中心点进行线性测试，如果发现非线性影响具有显著影响，则再加上轴上点进行补充试验，以得到完整非线性预测方程；⑥ 在确信有线性影响的情况下，中心复合试验也可以一次试验完毕。

中心复合试验由中心点、轴向点、立方点三部分组成。其中，中心点也即设计中心，坐标皆为 0，在坐标轴上表示为 $(0,0)$。轴向点即为始点、星号点，分别在轴向上，除了一个坐标为 $(+\alpha, -\alpha)$ 外，其余坐标皆为 0；在 k 个因素的情况下，共有 $2k$ 个轴向点。

(3) Box-Behnken 试验设计（BBD）法。

Box-Behnken 试验设计是可以评价指标和因素间的非线性关系的一种试验设计方法，与中心复合（组合）设计（CCD）明显不同的是它不需要连续进行多次试验，并且在影响因素数相同的情况下，Box-Behnken 试验设计比中心复合（组合）设计组合数少，因而经济，并且常常用在评价需要非线性影响关系进行的试验设计中。

Box-Behnken 试验设计（BBD）的特点：① 可以进行 3～7 个影响因素的设计试验；② 试验次数一般为 15～62 次，在因素数相同时，比中心复合（组合）设计（CCD）所需的试验次数少，比较结果如表 0-1 所示；③ 可以评估因素的非线性影响；④ 适用于所有因素均为计量值的计算；⑤ 使用时无须多次连续试验；⑥ Box-Behnken 试验设计（BBD）中没有将所有试验因素同时安排为高水平的试验组合，特别适用于某些特别需要或安全需要的使用情况。

表 0-1 两种试验设计比较

影响因素数	2	3	4	5	6	7
试验次数[Box-Behnken 试验设计（BBD）]	12	20	31	52	90	
试验次数[中心复合（组合）设计（CCD）]		15	27	46	54	62

与中心复合（组合）设计（CCD）相比，Box-Behnken 试验方案中没有轴向点，因而实际操作时在水平设置中不会超出安全操作范围，而存在轴向点的中心复合（组合）设计（CCD）却有生成的轴向点，可能存在超出安全区域或不在研究范围之列考虑的问题。

RSM 试验设计一般步骤如下。

① 问题的认知和陈述；

② 反应变量的选择；

③ 因子个数与水平数及范围的选择；

④ 选择合适的试验设计；

⑤ 进行试验数据收集；

⑥ 资料分析。

a. 为整个模型建 ANOVA 表；模式精简，去除不显著项（P 值高），或平方和影响低项次后,进行模型的简化。切记一次删一项,重新分析再评估。注意失拟(lack of fit)问题是否显著;解释能力是否足够。

b. 残差分析:确定模型的前提假设是否成立,四合一残差图研究显著的交互作用/主效应(P 值小于 0.05),从高阶着手。

⑦ 结论与建议。

a. 列出数学模型;

b. 评估各方差源实际的重要性;

c. 将模型转化为实际的流程设置。

RSM 在工农业生产和科学研究中得到了广泛的应用。目前,生物制药提取过程中应用 RSM 较多。例如,应用 RSM,研究了在等离子喷涂 WC-12Co 涂层优化工艺中的结果,获得了三因素(电流、氩气流量、喷涂距离条件)下,以显微涂层硬度为评价指标的最佳结果。在单因素的基础上,应用 Box-Behnken 试验设计(BBD)法,以提取温度、提取时间、乙醇的体积分数对文殊兰中生物碱的提取工艺进行优化,模拟得到的最优条件为提取温度 72 ℃、提取时间 4.1 h、乙醇的体积分数 66%,生物碱的平均提取率 3.563 mg/g,与模型预测值比较接近,说明曲面响应优化可以用在文殊兰中生物碱的提取工艺中。此外,采用 RSM 研究了苹果渣中多酚类物质的果胶酶辅助提取工艺,结果表明,响应曲面优化获得的二次模型方程能较好地预测试验结果和优化条件,果胶酶辅助提取工艺稳定、合理,是提取苹果渣中总多酚、咖啡酸的可行方法。

在单因素的基础上,选择超声功率、微波功率、提取时间、液固比为自变量,以乙醚为浸提溶剂,挥发油得率为响应值,应用中心复合(组合)设计(CCD)试验方案,研究变量之间的相互关系与油得率的影响,建立二次多项回归模型预测方程。结果表明,最佳工艺条件为:超声功率 270 W、微波功率 570 W、提取时间 11 min、液固比 25 mL/g,挥发油的提取率达到 7.183%。

此外,RSM 在环境工程中的应用也成为近年来研究的热点。应用 Box-Behnken 响应曲面法优化高聚复配絮凝剂制备条件,获得了良好的效果。基于 RSM 模型对污泥联合调理的参数优化表明基于响应曲面优化法所得的最佳工艺参数准确、可靠,对相关污泥处理及条件优化具有一定的指导意义。在废水处理方面也有研究,例如,应用响应曲面法优化新型电化学系统深度处理垃圾渗滤液生化废水。基于响应曲面法优化 H_2O_2/Fe^{3+} 脱除烧结烟气中的 Hg^0 的参数研究。

城市污泥脱水性能研究对于污泥资源化应用有着重要作用,影响污泥脱水性能的因素较多,污泥脱水性能的评价指标更多,然而,目前应用 RSM 方法进行脱水性能参数优化研究还比较少。

　　本书旨在通过针对不同影响改善城市污泥脱水性能因素，应用 RSM 法优化污泥脱水性能参数获得的系统研究成果进行优化研究，包括超声波 Fenton 协同 PAM 改善污泥脱水性能研究、微波石灰 Fenton 改善污泥脱水性能研究、热 Fenton 协同 PAM 改善污泥脱水性能、微波 Fenton 协同 PAM 改善污泥脱水性能研究、酸化高铁酸钾联合 PAM 改善污泥脱水性能研究、超声波 PAM 协同硫酸钙改善污泥脱水性能研究、酸化 Fenton 表面活性剂改善污泥脱水性能研究、酸化 Fenton 联合 PAM 改善污泥脱水性能研究，以飨读者。

1 超声波 Fenton 协同 PAM 改善污泥脱水性能研究

1.1 实验材料及方法

实验样品取自××市污水处理厂剩余污泥,样品取回经过静置,待其稳定后去掉上层清液,取实验污泥进行抽滤,其泥饼含水率为 87.5%,黏度为 140 mPa·s,毛细吸水时间(CST)为 71.3 s,具体污泥参数见表 1-1。

表 1-1   实验污泥的性质

污泥指标	数值
SRF/(m/kg)	8.12×10^{11}
CST/s	71.3
pH 值	7.6
含水率/%	87.5
黏度/(mPa·s)	140

污泥现场取样及污泥静置沉淀后剩余污泥样品分别见图 1-1 和图 1-2。

图 1-1　剩余污泥现场取样

图 1-2　静置沉淀后剩余污泥样品

1.2　实验主要仪器

实验主要仪器见表 1-2。

表 1-2　　　　　　　　　　　　　　实验主要仪器

编号	实验项目	仪器名称
1	测定污泥浊度（NTU）	便携式浊度测定仪
2	观察污泥颗粒形状	光学显微镜
3	污泥热重分析实验	热重分析仪
4	测定污泥离心沉降比（%）	80-2 电动离心机
5	测定污泥含水率（%）	卤素水分测定仪
6	超声波处理污泥	DL-180J 智能超声波清洗器
7	测定污泥比阻（m/kg）	比阻（SRF）实验装置
8	测定污泥黏度（Pa·s）	SNB-1 旋转黏度计
9	测定污泥毛细吸水时间（s）	TYPE 304B CST 测定仪
10	污泥颗粒粒径分析实验	Mastersize 3000 粒度分析仪
11	CST 测定	TYPE 304B CST 测定仪

1.3　实　验　过　程

实验过程分为四个阶段，包括实验准备阶段、单因素实验阶段、多因素协同实验阶段、验证实验阶段。

① 实验准备阶段:首先对整个实验做出规划,对所要做的实验有自己的认识,对所有仪器进行认识和熟悉操作,做好时间规划,循序渐进完成整个实验。

② 单因素实验阶段:首先通过查看文献确定对污泥处理的最佳范围的大概区间,对 Fenton 试剂、超声波时间和 PAM 试剂单独实验,利用 CST、污泥含水率、离心沉降比等作为污泥脱水性能的指标,利用 Origin 8.0 软件结合实验结果作出污泥脱水性能指标曲线,从而找到单因素处理剩余污泥的最佳范围。

③ 多因素协同实验阶段:通过 Origin 8.0 软件确定各单因素的最佳处理范围,对单因素最佳范围值进行编码以便多因素环节运算,具体单因素真实值和编码变量及其范围和水平见表 1-3。

表 1-3　　　　　　　　　　**真实值和编码变量及其范围和水平**

影响因素	代码		编码水平		
	真实值	编码值	−1	0	1
Fenton 试剂投加量/(mL/mL)	ε_1	X_1	0.08	0.12	0.16
PAM 试剂投加量/(mg/mL)	ε_2	X_2	0.1	0.3	0.5
超声波处理时间/s	ε_3	X_3	60	120	180

利用 Design-Expert 8.0 软件 Box-Behnken 实验功能,在已确定的单因素实验数据的基础上,根据软件实验设计原理,形成多因素响应曲面模型,多因素响应曲面模型对应的三元二次方程如下:

$$Y = \beta_0 + \sum_{i=1}^{3} \beta_i X_i + \sum_{i=1}^{3} \beta_{ii} X_i^2 + \sum \cdot \sum_{i<j=2}^{3} \beta_{ij} X_i X_j \qquad (1-1)$$

式中　Y——预测响应值[在此实验中为毛细吸水时间 CST(s)、污泥离心沉降比
　　　　(%)和即抽滤后的泥饼含水率 WC(%)];

　　　X_i,X_j——单因素自变量编码值;

　　　β_i——一次项系数;

　　　β_{ii}——二次项系数;

　　　β_{ij}——交互项系数;

　　　β_0——常数项。

利用 Design-Expert 8.0 软件 Box-Behnken 实验设计的统计学功能,得到 17 组多因素耦合实验组数据。根据得到的实验组数据做 17 组对应的实验,记录其实验结果,再利用 Design-Expert 8.0 软件,把实验结果代入软件当中,利用这些实验数据求得拟合方程,并进行方差分析,从而得出曲面响应优化结果。

④ 验证实验阶段:根据响应曲面及对应的三元二次方程模型,利用 Mathematica 8.0 软件得到最佳耦合实验条件,再利用得出的实验数据进行实验,测定各实验组抽滤后的泥饼含水率、CST 等试验指标,进行验证实验分析,验证最佳实验条件组

的准确性。

取 100 mL 剩余污泥，利用最佳实验条件处理，抽滤后得到泥饼，取 3～5 g 泥饼分别进行热重分析和粒径分析，观察热重曲线和粒径分布曲线，分析失重温度、失重峰和粒径分布等指标，作为佐证来验证最佳实验结果的准确性。

实验流程见图 1-3。

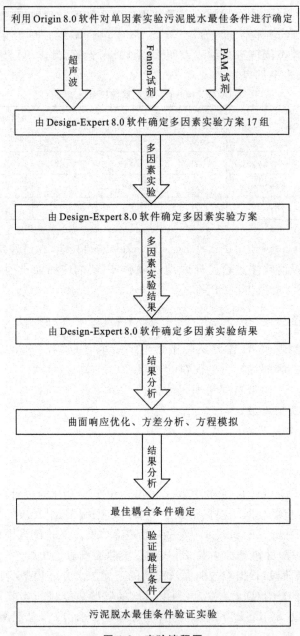

图 1-3　实验流程图

1.4　实验指标分析方法

1.4.1　污泥比阻(SRF)测定

污泥比阻(SRF)是污泥脱水性能好坏的重要指标,SRF 越大,其污泥脱水性能越差,本实验中 SRF 作为污泥脱水性能指标的辅助指标。实验具体操作如下:取定性滤纸,将其裁剪成与布氏漏斗一样大的圆形,要求滤纸与漏斗壁之间不能有缝隙,将剪好的滤纸放入布氏漏斗中,缓慢加入实验样品污泥(50~100 mL),在0.4 MPa的真空压力下抽滤,观察并记录实验数据,根据污泥比阻计算公式[式(1-2)、式(1-3)]求出对应剩余污泥的污泥比阻。污泥比阻实验装置见图1-4。污泥运动黏度测定装置见图1-5。

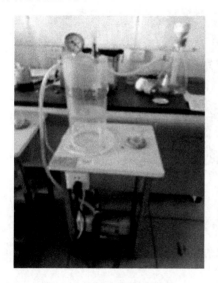
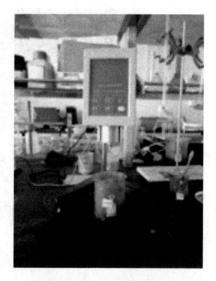

图1-4　污泥比阻测定装置　　　图1-5　污泥运动黏度测定装置

$$\frac{t}{V} = \frac{\mu\omega\,\mathrm{SRF}}{2PA^2}V + \frac{\mu R_\mathrm{f}}{PA} \tag{1-2}$$

式中　V——剩余污泥过滤体积,m^3;

　　　t——剩余污泥过滤时间,s;

　　　P——剩余污泥过滤压力,Pa;

　　　A——剩余污泥过滤面积,m^2;

　　　μ——剩余污泥过滤动力黏度,Pa·s;

ω——单位体积滤出液所得泥饼干重，kg/m^3；

SRF——××市污水处理厂剩余污泥比阻，m/kg。

$$SRF = \frac{2PA^2b}{\mu\omega} \tag{1-3}$$

式中　b——××市污水处理厂剩余污泥过滤量曲线斜率。

利用式（1-2）求得剩余污泥过滤量曲线斜率 b，将 b 代入式（1-3）中，求得剩余污泥比阻 SRF。

1.4.2　污泥毛细吸水时间（CST）的测定

采用 TYPE 304B CST 测定仪测定毛细吸水时间（CST），先开启一段时间后，将专用滤纸平铺感应器下，按测试按键，将 $6\sim8$ mL 剩余污泥样品置于滤纸上方不锈钢漏斗内，听到报警声响起第一声开始计时，响第二声时表示 CST 测定结束，读取 CST 值并记录。污泥的 CST 测定见图 1-6。

图 1-6　污泥的 CST 测定

1.4.3　泥饼含水率的测定

测定剩余泥饼含水率，首先要利用污泥比阻实验装置对实验污泥进行抽滤。先将剪裁好的滤纸平铺在布氏漏斗中，注意滤纸与壁之间不能有空隙，取100 mL实验污泥倒入布氏漏斗中，在 0.4 MPa 的真空压力下进行抽滤，直到污泥表面裂缝明显，30 s 再无滤液滴下时，取出泥饼。用镊子取少量泥饼（$3\sim5$ g）放入托盘中称重并记录，随后将多个实验组泥饼同时置于 105 ℃烘箱内烘干，待冷却后再次称量，利用式（1-4）计算泥饼含水率。泥饼的含水率测定见图 1-7。

$$WC = \frac{w_3 - w_1}{w_2 - w_1} \times 100\%$$

(1-4)

式中　WC——泥饼含水率；

　　　w_1——烘干滤纸质量，g；

　　　w_2——湿污泥质量，g；

　　　w_3——干污泥质量，g。

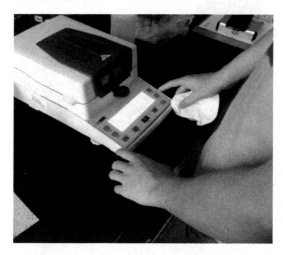

图 1-7　泥饼含水率测定

1.4.4　污泥离心沉降比测定

取污泥样品 10 mL（含水率 98%），放入离心管中，将离心管加上外套，放入离心机中，开启离心机，将转速缓慢增至 1500 r/min 开始计时，离心处理 120 s 关闭离心机（注：离心管一定要对称放入离心机）。实验完毕后，小心取出离心管并测量管中污泥体积和分离后上层清液体积，同时测量上层清液浊度，对实验数据进行记录。离心实验使用仪器见图 1-8。上层清液浊度测定见图 1-9。

图 1-8　离心机　　　　　　　　图 1-9　浊度测定

1.4.5 污泥形状观察

分别取适量未经处理的剩余污泥和超声波、Fenton 试剂协同 PAM 试剂调理后的剩余污泥，置于载玻片上用盖玻片盖好，调节生物显微镜，直到显微镜下出现清晰的图像为止，利用计算机相关软件保存图片记录。污泥形状观察见图 1-10。

图 1-10　污泥形状观察

1.4.6 污泥热重分析

取两份 100 mL 剩余污泥分别置于 250 mL 烧杯中，一份不做处理，另一份将污泥在超声波处理时间（125 s）、Fenton 试剂（12 mL）协同 PAM 试剂（0.03 g）三因素耦合条件下调理，取两份经污泥比阻实验抽滤后的泥饼（3～5 g）作为样品，同时放在升温速率为 10 K/min 和通气速率为 20 mL/min 的条件下进行热重分析。

1.4.7 污泥粒径分析

取两份 100 mL 剩余污泥置于 250 mL 烧杯中，一份为原始剩余污泥，另一份在超声波处理时间（125 s）、Fenton 试剂（12 mL）协同 PAM 试剂（0.03 g）三因素耦合条件下调理，再利用污泥比阻实验装置将两组污泥抽滤成含水率低于 80% 的泥饼，取 3～5 g 泥饼，利用 Mastersize 3000 粒度分析仪进行污泥粒径分析。

1.5 单因素实验及结果

单因素实验的目的是分别确定三个单因素对污泥脱水达到污泥脱水性能为最佳值的使用范围。首先通过查阅文献和大跨度的单因素实验确定超声波处理时间选择、Fenton 试剂用量、PAM 试剂用量,对单因素的实验数据利用 Origin 8.0 软件作图。确定单因素最佳适用范围为 60~180 s、0.08~0.16 mL/mL、0.1~0.5 mg/mL。

1.5.1 超声波改善污泥脱水性能

超声波作用对污泥脱水性能影响实验:利用 DL-180J 智能超声波清洗器对 100 mL 剩余污泥进行处理,用功率 2.4 W 的超声波处理污泥 60~180 s 为实验最佳处理范围。取 6 个 250 mL 的烧杯分别编号为 1、2、3、4、5、6,然后向每个烧杯中加入 100 mL 的剩余污泥样本,对编号为 1、2、3、4、5 的烧杯内的污泥用功率 2.4 W 超声波分别处理 60 s、90 s、120 s、150 s、180 s,6 号烧杯剩余污泥不做处理,作为空白样品。将所有污泥慢速搅拌后静置足够长时间,利用 CST 测定仪对实验样品进行检测并记录其数据。最佳处理效果实验曲线如图 1-11~图 1-13 所示。

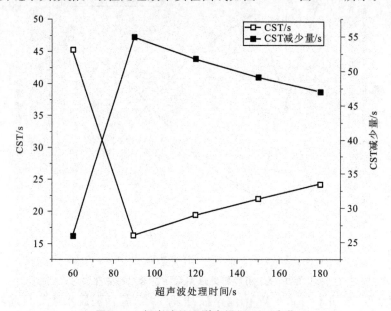

图 1-11 超声波处理剩余污泥 CST 变化

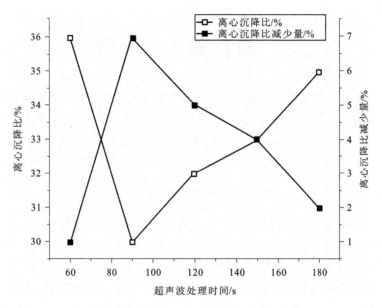

图 1-12　超声波处理剩余污泥离心沉降比变化

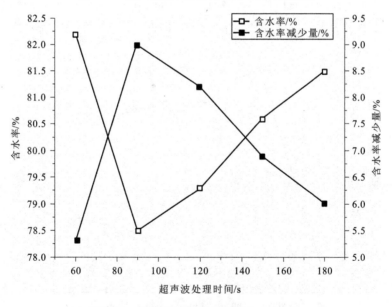

图 1-13　超声波处理剩余泥饼含水率变化

利用超声波功率为 2.4 W 的超声波处理 90 s 时,污泥脱水性能最好,污泥离心沉降比、毛细吸水时间(CST)以及泥饼含水率均达到最小值,污泥离心沉降比降至 30%,CST 降至 16.3 s,泥饼含水率降至 78.5%。达到最佳处理时间后,再增加处理时间,处理效果不增反降,在达到 180 s 时污泥离心沉降比等指标升高显著。

实验说明超声波在一定范围内可以明显改善污泥脱水性能,但过长时间的超声波处理,意味着有更高的能量输入,反而会降低污泥脱水性能。

1.5.2 Fenton 试剂改善污泥脱水性能

由于 Fenton 试剂是现配现用的,实验药品为 30％的双氧水和 10％的硫酸亚铁,在摩尔浓度比 H_2O_2 : Fe^{2+} ＝3:1 即体积比 1:1 的条件下配置 Fenton 试剂。取污泥 100 mL 分别置于 5 个烧杯中,并对污泥编码,随后将不同量的 Fenton 试剂加入烧杯中,先加入硫酸亚铁溶液,充分搅拌后静置 2 min 再加入双氧水,并快速搅拌。此时会产生大量的泡沫,因此在反应完成之前要一直持续搅拌。待充分反应不再产生泡沫静置 30 min 后,分别测定离心沉降比、CST 以及泥饼含水率。

最佳处理效果实验曲线如图 1-14～图 1-16 所示。

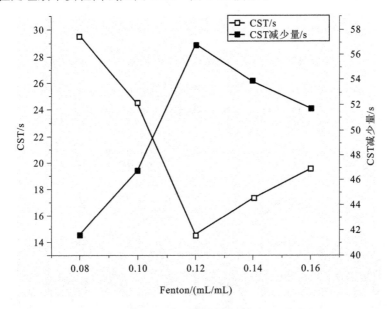

图 1-14 Fenton 试剂处理剩余污泥 CST 变化

由实验最终确定 Fenton 试剂最佳投加范围为 0.08～0.16 mL/mL,在 Fenton 试剂投加量为 0.12 mL/mL 时,污泥脱水性能最好,污泥离心沉降比、CST 以及泥饼含水率均达到最小值,污泥离心沉降比降至 29％,CST 降至14.5 s,泥饼含水率降至 78.4％。达到最佳处理时间后,再增加处理时间,处理效果不增反降,在达到0.16 mL/mL 时,污泥脱水性能改善效果降低显著。Fenton 试剂添加过量时,会严重破坏污泥结构,严重降低污泥脱水性能,使污泥脱水效果变差。实验表明,Fenton试剂对剩余污泥脱水性能改善在一定范围内起到促进作用。

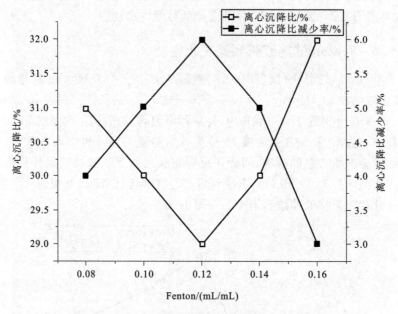

图 1-15　Fenton 试剂处理剩余污泥离心沉降比变化

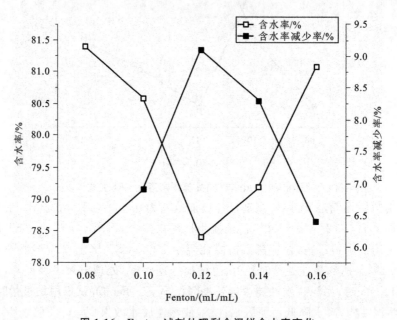

图 1-16　Fenton 试剂处理剩余泥饼含水率变化

1.5.3 PAM 改善污泥脱水性能

取 5 份剩余污泥 100 mL 分别置于 5 个烧杯中,并对污泥编码,随后用电子天平称量不同质量的 PAM,并倒入烧杯中,充分搅拌 2 min 后静置 30 min,分别测定离心沉降比、CST 以及泥饼含水率。

最佳处理效果实验曲线如图 1-17~图 1-19 所示。

在 PAM 试剂投加量为 0.3 mg/mL 时,污泥脱水性能最好,污泥离心沉降比、CST 以及泥饼含水率均达到最小值,污泥离心沉降比降至 30%,CST 降至 12.3 s,泥饼含水率降至 78.4%。达到最佳处理量后,再增加处理量,处理效果不增反降,在达到 0.5 mg/mL 时,污泥脱水性能改善效果降低显著。PAM 试剂添加过量时,造成污泥会形成大块絮凝体,包裹污泥颗粒,堵塞污泥间孔隙,使各个污泥脱水性能指标无法正常表征污泥脱水性能,由实验最终确定 PAM 试剂最佳投加范围为 0.1~0.5 mg/mL。实验表明,PAM 试剂对污泥脱水性能改善在一定范围内起到了促进作用,加入量多时 PAM 试剂在污泥胶体的外壳形成水化外壳,将分散相污泥离子包围起来,对污泥胶粒起到保护作用,这时,污泥难以沉降。所以说,PAM 试剂对于剩余污泥脱水性能改善在一定的范围内具有明显的促进作用。

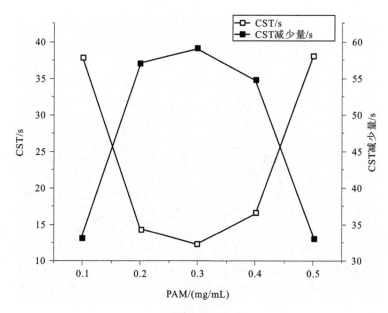

图 1-17　PAM 试剂处理剩余污泥 CST 变化

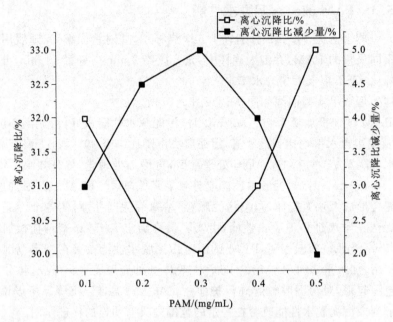

图 1-18　PAM 试剂处理剩余污泥离心沉降比变化

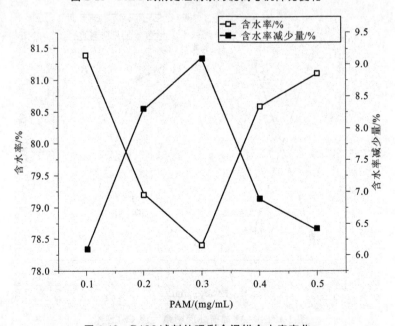

图 1-19　PAM 试剂处理剩余泥饼含水率变化

1.6 多因素实验模型及结果分析

1.6.1 多因素模型方差分析

以上述单因素实验结果作为基础,并把试验结果输入 Design-Expert 8.0 软件中,利用 Design-Expert 8.0 软件设计出多因素耦合 17 组实验内容,以泥饼含水率(WC)和污泥离心沉降比作为污泥脱水性能响应指标,实验结果如表 1-4 所示。再利用 Design-Expert 8.0 软件求出方程式(1-5)中的数据,得出二次回归方程,利用方程和实验结果值求得预测值,其结果见表 1-4,并求得方程的方差分析表。

表 1-4 响应曲面实验设计及试验结果

编号	编码值			泥饼含水率/%		离心沉降比/%	
	X_1	X_2	X_3	真实值	预测值	真实值	预测值
1	−1	1	0	77.30	77.00	29.00	29.63
2	0	1	−1	73.40	74.58	31.00	31.63
3	0	0	0	78.10	76.92	33.00	32.38
4	−1	0	1	74.80	75.10	32.00	31.38
5	1	0	1	77.40	78.04	31.00	31.13
6	0	0	0	75.90	75.06	29.00	29.13
7	1	0	1	75.10	75.94	27.00	26.88
8	1	−1	0	75.30	74.66	30.00	29.88
9	0	0	0	78.10	77.76	32.00	31.25
10	1	0	−1	75.80	76.34	28.00	28.50
11	−1	0	−1	75.40	74.86	26.00	25.50
12	0	−1	1	76.40	76.74	30.00	30.75
13	0	0	0	71.50	70.96	24.00	23.00
14	0	0	0	70.10	70.96	23.00	23.00
15	0	1	1	72.00	70.96	22.00	23.00
16	−1	−1	0	70.30	70.96	23.00	23.00
17	0	−1	−1	70.90	70.96	23.00	23.00

1.6.1.1 泥饼含水率方差分析

泥饼含水率的三元二次回归方程模型为：
$$WC = 70.96 - 1.06X_1 + 0.11X_2 - 0.63X_3 + 0.15X_1X_2 +$$
$$0.43X_1X_3 - 0.82X_2X_3 + 2.22X_1^2 + 2.72X_2^2 + 2.75X_3^2 \tag{1-5}$$

式(1-5)中的系数利用 Design-Expert 8.0 软件求出，其方程为三元二次方程，超声波处理时间、Fenton 试剂和 PAM 试剂系数均大于 0，此方程模型抛物面开口向上，方程具有最小值点，因此，可以对其进行最优分析。

对此模型进行方差分析和真实性检测，其结果见表 1-5。从表 1-5 中可以看出，模型中的 F 值为 9.97，表明此方程模型具有较高的真实性，模型中的 P 值为 0.0031，表明此方程模型的显著性较好。由此可以看出，此模型具有较高的真实度，其结果具有代表性，能够较准确地表示真实值。模型回归系数 R^2 是 0.9276，其校正系数 R_{adj}^2 为 0.9152，模型的相应变化约为 92%，其不能准确表达的变异数据大概有 8%。此方程模型回归系数 R^2 接近 1，拟合度极好，说明泥饼含水率方程能够很准确地表达真实数据。因此，可以利用 Design-Expert 8.0 软件形成的模型在不同超声波处理时间、Fenton 试剂和 PAM 试剂投加量的条件下，对泥饼含水率进行预测。图 1-20 所示是泥饼含水率的真实值和预测值对比的回归线，由图可以看出，其回归线斜率接近 1，真实值在回归线周围小幅度波动，因此可以利用该模型的预测值代替真实值对多因素耦合实验结果进行方差分析。

表 1-5　　　　　　　　　　泥饼含水率回归方程模型的方差分析

来源	平方和 SS	自由度 DF	均方 MS	F	P(Prob>F)
模型	109.14	9	12.13	9.97	0.0031
X_1	9.03	1	9.03	7.42	0.0296
X_2	0.10	1	0.10	0.083	0.7813
X_3	3.13	1	3.13	2.57	0.1530
X_1X_2	0.090	1	0.090	0.074	0.7935
X_1X_3	0.72	1	0.72	0.59	0.4661
X_2X_3	2.72	1	2.72	2.24	0.1783
X_1^2	20.75	1	20.75	17.06	0.0044
X_2^2	31.15	1	31.15	25.61	0.0015

续表

来源	平方和 SS	自由度 DF	均方 MS	F	$P(\text{Prob}>F)$
X_3^2	31.73	1	31.73	26.08	0.0014
残差	8.51	7	1.22		
拟合不足	5.96	3	1.99	3.12	0.1505
误差	2.55	4	0.64		
总误差	117.65	16			

注:回归系数 $R^2=0.9276$,校正系数 $R_{\text{adj}}^2=0.9152$。

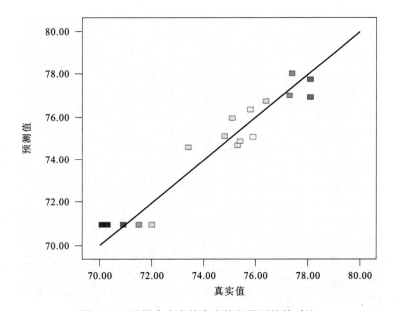

图 1-20　泥饼含水率的真实值和预测值的对比

1.6.1.2　离心沉降比方差分析

离心沉降比的三元二次回归方程模型为:

$$SV = 23.0 + 0.25X_1 + 0.62X_2 - 0.88X_3 - 0.75X_1X_2 +$$
$$1.25X_1X_3 + 2.0X_2X_3 + 4.25X_1^2 + 4.0X_2^2 + 2.0X_3^2 \qquad (1\text{-}6)$$

式(1-6)中系数利用 Design-Expert 8.0 软件求出,超声波处理时间、Fenton 试剂和 PAM 试剂系数均大于 0,此模型抛物面开口向上,方程具有最小值点,因此,对其进行最优分析。对此模型进行方差分析和真实性检测,其结果见表 1-6,从表中我们可以看出,模型中的 F 值为 31.29,表明此方程模型真实性比较高,模型中

的 P 值小于 0.0001，表明此方程模型的显著性极高，由此可以看出此模型具有较高的真实度，其结果具有代表性，能够较准确地表示真实值。模型回归系数 R^2 是 0.9816，其校正系数 R_{adj}^2 为 0.9446，模型的相应变化约为 95%，其不能准确表达的变异数据大概有 5%。此方程回归系数 R^2 接近 1，拟合度极好，说明离心沉降比方程能够很准确地表达真实数据。因此，可以利用 Design-Expert 8.0 软件形成的模型在不同超声波处理时间、Fenton 试剂和 PAM 试剂投加量的条件下，对污泥离心沉降比进行预测。图 1-21 是离心沉降比的真实值和预测值对比的回归线，由图可以看出其回归线斜率接近 1，真实值在回归线周围小幅度波动，因此可以利用该模型的预测值代替真实值。

表 1-6　　　　　　　　　　　　离心沉降比回归方程模型的方差分析

来源	平方和 SS	自由度 DF	均方 MS	F	$P(\mathrm{Prob}>F)$
模型	211.22	9	23.47	31.29	<0.0001
X_1	0.50	1	0.50	0.67	0.4411
X_2	3.13	1	3.13	4.17	0.0806
X_3	6.13	1	6.13	8.17	0.0244
X_1X_2	2.25	1	2.25	3.00	0.1269
X_1X_3	6.25	1	6.25	8.33	0.0234
X_2X_3	16.00	1	16.00	21.33	0.0024
X_1^2	76.05	1	76.05	101.4	<0.0001
X_2^2	67.37	1	67.37	89.82	<0.0001
X_3^2	16.84	1	16.84	22.46	0.0021
残差	5.25	7	0.75		
拟合不足	3.25	3	1.08	2.17	0.2346
误差	2.00	4	0.50		
总误差	216.47	16			

注：回归系数 $R^2=0.9816$，校正系数 $R_{adj}^2=0.9446$。

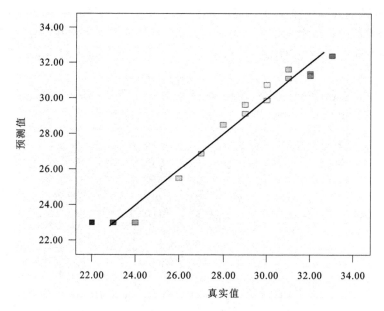

图 1-21　离心沉降比的真实值和预测值的对比

1.6.2　响应曲面图与参数优化

利用 Design-Expert 8.0 软件模拟实验数据作出响应曲面图和等高线图,如图 1-22~图 1-27 所示。利用响应曲面图和等高线图可以更直观地看出超声波、Fenton 试剂和 PAM 试剂对污泥离心沉降比和泥饼含水率的影响,即对剩余污泥脱水性能的影响,并以响应曲面的方式形象地表达出来。

1.6.2.1　泥饼含水率响应曲面图与参数优化

图 1-22 和图 1-23 为超声波处理 120 s 时,Fenton 试剂和 PAM 试剂投加量对抽滤后泥饼含水率指标的影响结果。从图中明显可以看出,在投加量范围内泥饼含水率随 Fenton 试剂投加量的增加而呈现减小趋势,Fenton 试剂对污泥含水率改善达到最佳值时,此时 Fenton 投加量为 0.12 mL/mL,泥饼含水率不再随 Fenton 试剂继续投加而减小,甚至达到一定程度后,泥饼含水率随 Fenton 试剂投加量的增加而呈现增大趋势。同样,泥饼含水率在一定范围内随 PAM 投加量的增加而呈减小趋势,超过一定范围后泥饼含水率将会回升。

图 1-24 和图 1-25 为 PAM 试剂投加量 0.3 mg/mL 时,Fenton 试剂投加量和超声波处理时间对抽滤后泥饼含水率的影响结果。从图中明显可以看出,投加量范围内泥饼含水率随 Fenton 试剂投加量的增加而呈现减小趋势,在 Fenton 试剂对污泥含水率改善达到最佳值时,Fenton 投加量为 0.12 mL/mL,泥饼含水率不再

随 Fenton 试剂继续投加而减小,甚至达到一定程度后,泥饼含水率随 Fenton 试剂投加量的增加而呈现增大趋势。因此,总的趋势是泥饼含水率在一定范围内随超声波处理时间的增加而呈减小趋势,超过一定范围后泥饼含水率将会回升。

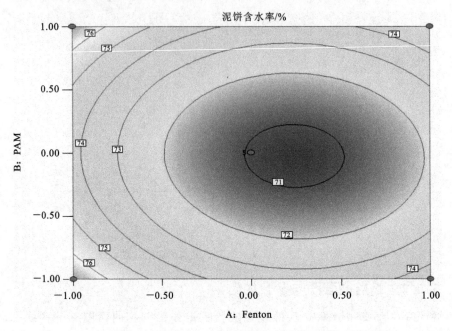

图 1-22　Fenton 试剂和 PAM 试剂对泥饼含水率影响的等高线图

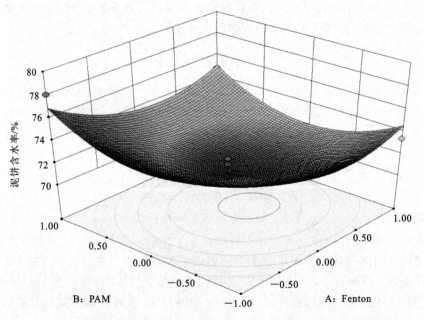

图 1-23　Fenton 试剂和 PAM 试剂对泥饼含水率影响的响应曲面图

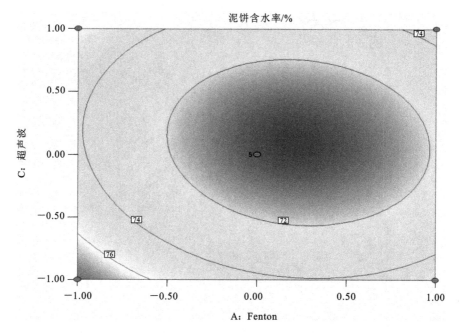

图 1-24　超声波和 Fenton 试剂对泥饼含水率影响的等高线图

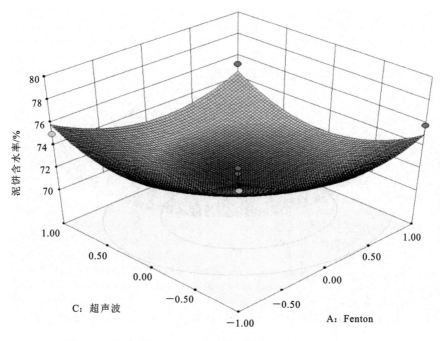

图 1-25　超声波和 Fenton 试剂对泥饼含水率影响的响应曲面图

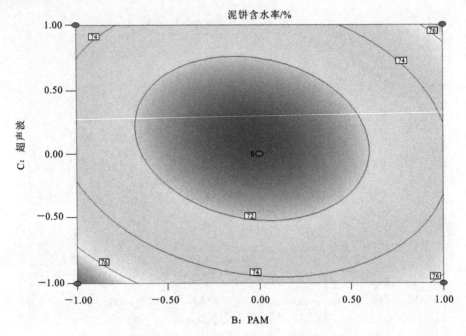

图 1-26　超声波和 PAM 试剂对泥饼含水率影响的等高线图

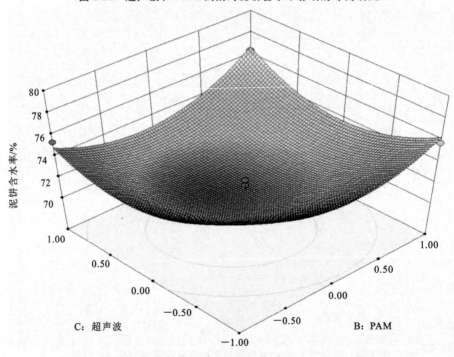

图 1-27　超声波和 PAM 试剂对泥饼含水率影响的响应曲面图

图 1-26 和图 1-27 为 Fenton 试剂 0.12 mL/mL 时，PAM 试剂投加量和超声波处理时间对抽滤后泥饼含水率的影响结果。可以看出，投加量范围内泥饼含水率随 PAM 试剂投加量的增加而呈现减小趋势，在 PAM 试剂对污泥含水率改善达到最佳值时，PAM 投加量为 0.3 mg/mL，泥饼含水率不再随 PAM 试剂继续投加而减小，甚至达到一定程度后，泥饼含水率随 PAM 试剂投加量的增加而呈现增大趋势。同理，泥饼含水率在一定范围内随超声波处理时间的增加而呈减小趋势，超过一定范围后泥饼含水率将会回升。通过以上分析可以得出，超声波处理时间、Fenton 试剂和 PAM 试剂投加量都存在使泥饼含水率达到最小的最佳值。

1.6.2.2 离心沉降比响应曲面图与参数优化

污泥离心沉降比的等高线图和响应曲面图见图 1-28～图 1-33。

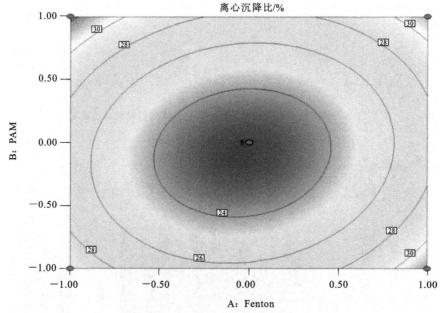

离心沉降比/%

图 1-28 Fenton 试剂和 PAM 试剂对离心沉降比影响的等高线图

图 1-28 和图 1-29 为超声波处理 120 s 时，Fenton 试剂和 PAM 试剂投加量对污泥离心沉降比指标的影响结果。从等高线图可以看出，投加量范围内污泥离心沉降比随 Fenton 试剂投加量的增加而呈现减小趋势，在 Fenton 试剂对污泥离心沉降比改善达到最佳值时，Fenton 投加量为 0.12 mL/mL，污泥离心沉降比不再随 Fenton 试剂继续投加而减小，甚至达到一定程度后，污泥离心沉降比随 Fenton 试剂投加量的增加而呈现增大趋势。同理，在响应曲面图中，污泥离心沉降比在一定范围内随 PAM 投加量的增加而呈减小趋势，超过一定范围后，污泥离心沉降比将会回升。

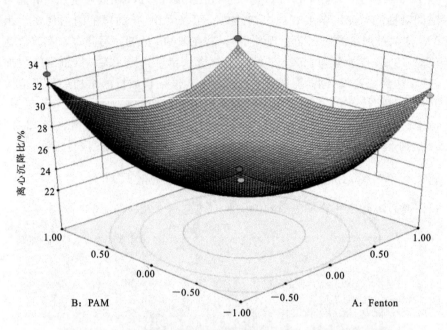

图 1-29　Fenton 试剂和 PAM 试剂对离心沉降比影响的响应曲面图

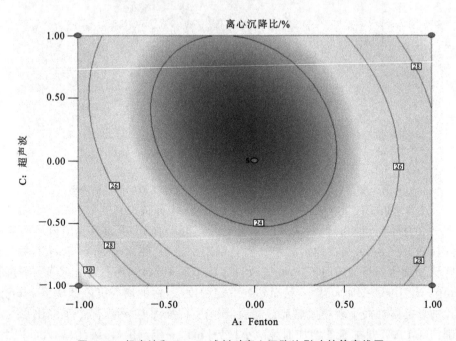

图 1-30　超声波和 Fenton 试剂对离心沉降比影响的等高线图

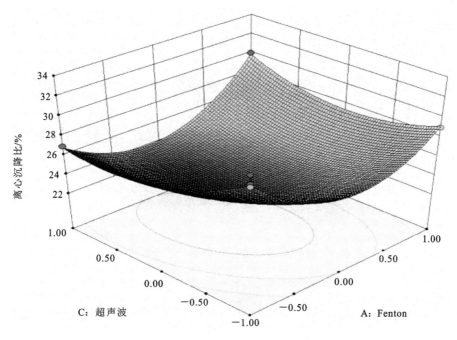

图 1-31　超声波和 Fenton 试剂对离心沉降比影响的响应曲面图

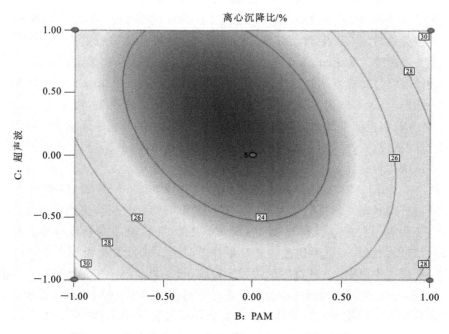

图 1-32　超声波和 PAM 试剂对离心沉降比影响的等高线图

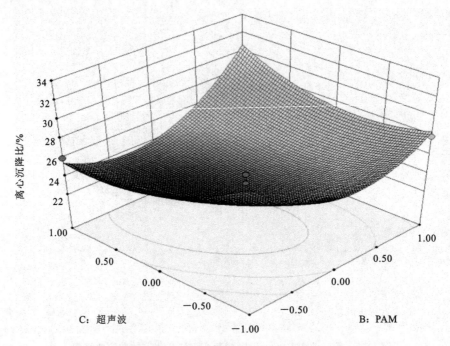

图 1-33　超声波和 PAM 试剂对离心沉降比影响的响应曲面图

　　图 1-30 和图 1-31 为 PAM 试剂投加量为 0.3 mg/mL 时，Fenton 试剂投加量和超声波处理时间对污泥离心沉降比的影响。从等高线图可以看出，投加量范围内污泥离心沉降比随 Fenton 试剂投加量的增加而呈现减小趋势，在 Fenton 试剂对污泥离心沉降比改善达到最佳值时，Fenton 投加量为 0.12 mL/mL，污泥离心沉降比不再随 Fenton 试剂继续投加而减小，甚至达到一定程度后，污泥离心沉降比随 Fenton 试剂投加量的增加而呈现增大趋势。同理，在响应曲面图中，污泥离心沉降比在一定范围内随超声波处理时间的增加而呈减小趋势，超过一定范围后污泥离心沉降比将会回升。

　　图 1-32 和图 1-33 为 Fenton 试剂投加量为 0.12 mL/mL 时，PAM 试剂投加量和超声波处理时间对抽滤后污泥离心沉降比的影响结果。从等高线图可以看出，投加量范围内污泥离心沉降比随 PAM 试剂投加量的增加而呈现减小趋势，在 PAM 试剂对污泥离心沉降比改善达到最佳值时，PAM 投加量为 0.3 mg/mL，污泥离心沉降比不再随 PAM 试剂继续投加而减小，甚至达到一定程度后，污泥离心沉降比随 PAM 试剂投加量的增加而呈现增大趋势。同理，在响应曲面图中，污泥离心沉降比在一定范围内随超声波处理时间的增加而呈减小趋势，超过一定范围后污泥离心沉降比将会回升。通过以上分析可以得出，超声波处理时间、Fenton 试剂和 PAM 试剂都存在使污泥离心沉降比达到最小的最佳值。

最后,利用软件 Mathematica 8.0 求得三因素影响的最佳值。结合泥饼含水率的三元二次方程模型,求得在变量 $X_1=0.216$、$X_2=0.013$、$X_3=0.095$ 时取得模型最小值,然后将模型变量 X_1、X_2、X_3 的对应的值代入泥饼含水率的回归方程模型,得出泥饼含水率为 70.81%。在此最佳条件下得到相应的三因素即 Fenton 试剂、PAM 试剂投加量和超声波处理时间的值分别为 0.128 mL/mL、0.303 mg/mL 和 125.7 s。同理,利用软件 Mathematica 8.0 结合离心沉降比的三元二次方程模型,求得在变量 $X_1=-0.083$、$X_2=0.153$、$X_3=0.107$ 时取得最小值,再将污泥离心沉降比模型变量 X_1、X_2、X_3 的值代入污泥离心沉降比的回归方程中,得出对应条件下污泥的离心沉降比为 23.25%。对应的 Fenton 试剂、PAM 试剂投加量和超声波处理时间的值分别为 0.117 mL/mL、0.303 mg/mL 和 126.4 s。综合考虑实际的经济因素和处理效果以及实验难度,最终选取 Fenton 试剂、PAM 试剂投加量和超声波处理时间的最佳值分别为 0.12 mL/mL、0.3 mg/mL、125 s。

1.6.3 多因素最佳值实验验证

在此最佳条件下,即 Fenton 试剂、PAM 试剂投加量和超声波处理时间的最佳值分别为 0.12 mL/mL、0.3 mg/mL、125 s,对污泥进行相关处理,测定污泥的 CST 和泥饼含水率进行实验结果验证,并以污泥热重分析、粒径分析和光学显微镜作为验证实验佐证。考察设计实验结果值与实际试验结果值是否吻合。

1.6.3.1 泥饼含水率结果验证

在 Fenton 试剂、PAM 试剂和超声波处理时间的最佳值分别为 0.12 mL/mL、0.3 mg/mL、125 s 条件下进行验证实验,此时通过实验得到的数据结果为:抽滤后泥饼含水率为(70.5±0.25)%,与模型预测值基本吻合。

1.6.3.2 污泥毛细吸水时间(CST)结果验证

实验测定并分析原污泥与单因素最优值调理剩余污泥及超声波、Fenton 试剂协同 PAM 试剂调理后剩余污泥的 CST,从而进一步验证污泥脱水性能的最佳条件。实验中取 5 个相同的 250 mL 的烧杯分别编号为 1、2、3、4、5。然后向每个烧杯中加入 100 mL 的原剩余污泥样本,对编号为 1 的烧杯不进行处理,在编号为 2 的烧杯中加入 12 mL 的 Fenton 试剂并充分搅拌;在编号为 3 的烧杯中加入 0.03 g 的 PAM 试剂搅拌均匀;在编号为 4 的烧杯中经过 2.4 W 功率超声波处理 125 s;在编号为 5 的烧杯中加入 Fenton 试剂、PAM 试剂投加量和超声波处理时间分别为 0.12 mL/mL、0.3 mg/mL、125 s。静置足够长时间后,利用 CST 测定仪对实验样品进行检测并记录其数据。其结果如图 1-34 所示,实验测得原污泥的 CST 为

71.2 s，Fenton 试剂调理后的污泥 CST 为 15.2 s，PAM 试剂处理后的污泥 CST 为 14.7 s，超声波处理后的污泥 CST 为 16.4 s，超声波、Fenton 协同 PAM 调理后的污泥 CST 为 12.6 s；CST 的值越小，说明污泥絮凝效果越好，即脱水性能越好。此实验结果表明，剩余污泥在 Fenton 试剂、PAM 试剂投加量和超声波处理时间分别为 0.12 mL/mL、0.3 mg/mL 和 125 s 的条件下，剩余污泥 CST 达到最佳值，此时 CST 的最佳值为 12.6 s。CST 试验结果见图 1-34。

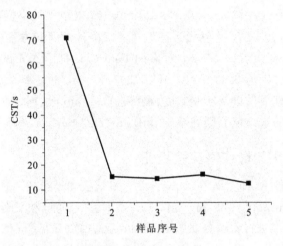

图 1-34　CST 测定结果

1.6.3.3　剩余污泥光学显微镜分析

将 100 mL 剩余污泥在 Fenton 试剂、PAM 试剂投加量和超声波处理时间分别为 0.12 mL/mL、0.3 mg/mL、125 s 的条件下调理后，将未经处理的剩余污泥和协同处理的剩余污泥分别置于光学显微镜下观察，分析其结构变化，结果见图 1-35 和图 1-36。

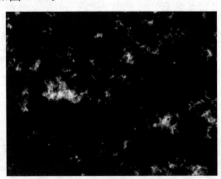

图 1-35　光学显微镜分析（原污泥）

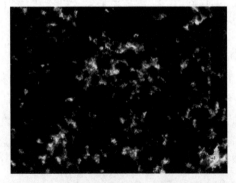

图 1-36　光学显微镜分析（处理后污泥）

从图 1-35 可以看出,原始剩余污泥图像污泥颗粒表面连续孔隙较少,具有较好的完整性,污泥颗粒中的水无法轻易滤出,导致污泥脱水性能较差。图 1-36 显示,超声波、Fenton 试剂协同 PAM 试剂调理后的剩余污泥具有较多孔隙,污泥完整性被破坏,这可能是因为超声波作用将剩余污泥表面的 EPS 破坏,PAM 的链式结构作为骨架构建形成孔隙通道,Fenton 试剂反应瓦解 EPS 结构,并破坏污泥中蛋白质,可以降低污泥亲水性,经过超声波、Fenton 试剂协同 PAM 试剂的共同作用,剩余污泥脱稳,其内部结构发生变化,孔隙增多,污泥颗粒亲水作用降低,从而改善污泥脱水性能。

1.6.3.4　剩余污泥热重分析(TG-DTG)

取两份 100 mL 剩余污泥置于 250 mL 烧杯中,一份不做处理,另一份污泥在超声波、Fenton 试剂协同 PAM 试剂三因素最佳条件下调理,将两份抽滤后的泥饼作为样品同时放在升温速率为 10 K/min 和通气速率为 20 mL/min 的条件下,对样品进行热重分析,TG-DTG 热重分析结果见图 1-37。

图 1-37(a)所示为原污泥热重曲线,TG 曲线有一个明显的失重阶段,开始失重温度为 63.43 ℃,在 DTG 曲线中存在对应的失重峰,失重峰值温度为 86.07 ℃,失重率为 19.38%/min,在 170 ℃时,热解终止温度 599.27 ℃,达到热解终止温度后,质量减少 89.88%,残留质量为 6.16%。

图 1-37(b)为超声波、Fenton 试剂协同 PAM 试剂处理后的污泥结果,其超声波处理时间、Fenton 试剂和 PAM 试剂投加量分别为 125 s、0.012 mL/mL 和 0.3 mg/mL。TG 曲线有一个明显的失重阶段,开始失重温度为 65.33 ℃,在 DTG 曲线中存在对应的失重峰,失重峰值温度为 84.65 ℃,失重率为 16.97%/min,在 170 ℃时,热解终止温度为 599.30 ℃,达到热解终止温度后,质量减少 82.84%,残留质量为 14.30%。

两组实验结果对比,原污泥相比于经过处理的污泥的失重率明显降低,这可能由于原污泥本身结构特点,具有较强的吸水性能,超声波、Fenton 试剂协同 PAM 试剂处理后的污泥失重峰温度降低,可能是由于超声波作用,使污泥孔隙增多所导致。经超声波、Fenton 试剂和 PAM 试剂处理过的剩余污泥,达到终解温度时残留质量明显更高,说明超声波、Fenton 试剂协同 PAM 试剂对改善污泥的脱水性能效果明显。

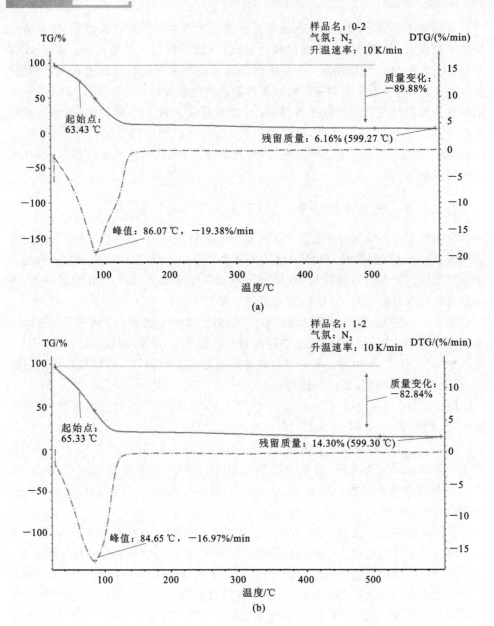

图 1-37　原污泥和超声波、Fenton 试剂协同 PAM 试剂调理剩余污泥热重曲线

（a）原污泥；（b）调理后污泥

1.6.3.5　剩余污泥粒径分析

对原污泥和三因素最佳条件下处理后的污泥分别进行粒径分析，分析结果见图 1-38 和图 1-39。

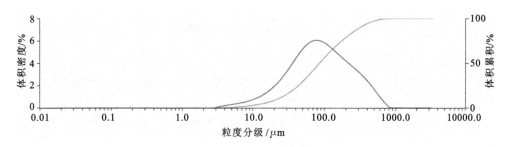

图 1-38　原污泥的粒径分析曲线

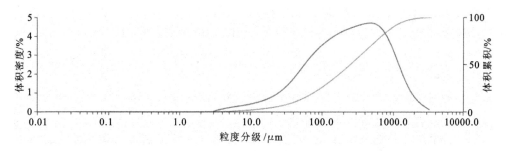

图 1-39　超声波、Fenton 试剂协同 PAM 试剂调理污泥的粒径分析曲线

由图 1-38 可知,原污泥的粒径分析频率曲线可以发现污泥的粒径分布呈现类似正态分布曲线,污泥粒径 95％以上分布在 $10.0 \sim 1000.0$ μm,污泥颗粒浓度为 0.06%,一致性系数为 1.025,其比表面积为 125.6 m^2/kg,粒径间距为 3.42,其下累计曲线在粒径达到 1000 μm 时已达到 100%,污泥粒径最小为 3 μm,最大粒径不超过 1000 μm。污泥颗粒粒径和粒径间距较小,比表面积较大,可能是导致污泥脱水性能差的主要原因。

由图 1-39 可知,超声波(125 s)、Fenton 试剂(0.12 mL/mL)协同 PAM 试剂(0.3 mg/mL)调理后污泥的粒径分析频率曲线呈现类似正态分布曲线,污泥粒径 95% 以上分布在 $10.0 \sim 3500.0$ μm,污泥颗粒浓度为 0.07%,一致性系数为 1.222,其比表面积为 70.37 m^2/kg,粒径间距为 3.83,其下累计曲线在粒径达到 3500 时已达到 100%,污泥粒径最小为 3 μm,最大粒径大约为 3500 μm。超声波、Fenton 试剂协同 PAM 试剂处理剩余污泥对比原污泥,粒径分布曲线明显右移,污泥颗粒粒径普遍增加,粒径间距也明显增大,比表面积大幅降低,使污泥脱水性能得到明显改善。污泥结构变化的原因可能是超声波破坏污泥内部疏松结构,Fenton 试剂利用其强氧化性破坏污泥各层中的蛋白质结构,PAM 的链式结构作为污泥骨架,使疏松的污泥变成致密多孔的结构,使污泥粒径增大,比表面积变小,从而改善污泥脱水性能。

1.7 结 论

通过单因素实验并利用 Origin 8.0 软件找到单因素调理的××市污水处理厂剩余污泥的最佳值范围，然后利用 Design-Expert 8.0 软件作出曲面响应图并进行方差分析，经过分析和计算得出三因素耦合处理效果最佳的值，通过泥饼含水率和离心沉降比等指标验证实验。得到结论如下：

（1）超声波、Fenton 试剂和 PAM 试剂三因素联合调理能够明显改善剩余污泥的脱水性能，且超声波处理时间、Fenton 试剂和 PAM 试剂投加量调理污泥的最佳范围分别为 $60\sim180$ s、$0.08\sim0.16$ mg/mL、$0.1\sim0.5$ mg/mL。

（2）利用 Design-Expert 8.0 软件做出二次响应曲面建立的污泥的泥饼含水率和离心沉降比模型，且各自相关系数分别为 0.9276 和 0.9816，都接近 1。可以用方程模型在不同超声波处理时间和不同 Fenton 试剂、PAM 试剂投加量对泥饼含水率和离心沉降比进行预测。

（3）超声波处理时间、Fenton 试剂投加量和 PAM 试剂投加量的最佳值分别为 125 s、0.012 mL/mL 和 0.3 mg/mL。经过此处理的剩余污泥的 CST 减少可到 12.6 s，泥饼含水率减少至 70.5%。综合实验数据表明，泥饼含水率为 $(70.5\pm0.25)\%$，离心沉降比为 $(23\pm0.5)\%$，与利用回归方程模型进行预测的预测值基本一致。

（4）热重分析结果表明，经超声波、Fenton 试剂和 PAM 试剂处理过的剩余污泥，污泥失重率从 19.38%/min 降至 16.97%/min，在达到终解温度时残留质量从 6.16% 增至 14.30%，说明超声波、Fenton 协同 PAM 处理污泥具有很好的改善污泥的脱水性能的作用。

（5）粒径分析结果显示，粒径分布曲线明显右移，污泥颗粒粒径普遍增加，粒径间距由 3.42 μm 增加至 3.83 μm，比表面积从 125.6 m^2/kg 降至 70.37 m^2/kg，使污泥脱水性能得到明显改善。

参考文献

[1] Peeters B, Dewil R, Vernimmen L, et al. Addition of polyaluminium-chloride (PACl) to waste activated sludge to mitigate the negative effects of its sticky phase in dewatering-drying operations[J]. Water Research, 2013, 47: 3600-3609.

［2］　He D Q,Zhang Y J,He C S. Changing profiles of bound water content and distribution in the activated sludge treatment by NaCl addition and pH modification［J］. Chemosphere,2017,186:702-707.

［3］　He D Q,Wang L F,Jiang H,et al. A Fenton-like process for the enhanced activated sludge dewatering［J］. Chemical Engineering Journal,2015,272:128-134.

［4］　Zhang G M,He J G,Zhang P Y,et al. Ultrasonic reduction of excess sludge from activated sludge system(Ⅱ):Urban sewage treatment［J］. Journal of Hazardous Materials,2009,164(2/3):1105-1109.

［5］　Wang F,Lu S,Ji M. Components of released liquid from ultrasonic waste activated sludge disintegration［J］. Ultrasonics Sonochemistry,2006,13(4):334-338.

［6］　Mao T,Show K Y. Influence of ultrasonication on anaerobic bioconversion of sludge［J］. Water Environmental Research,2007,79(4):436-441.

［7］　董春欣. 超声波对污泥脱水性能的影响因素研究［J］. 吉林农业科技学院学报,2015,24(02):48-51.

［8］　王芬,季民. 污泥超声破解预处理的影响因素分析［J］. 天津大学学报,2005(07):649-653.

［9］　梁波,陈海琴,关杰. 超声波预处理剩余污泥脱水性能研究进展［J］. 工业用水与废水,2017,48(04):1-6.

［10］　薛向东,金奇庭,朱文芳,等. 超声对污泥流变性及絮凝脱水性的影响［J］. 环境科学学报,2006(06):897-902.

［11］　胡东东,俞志敏,易允燕. 超声波联合 PAM 对污泥脱水性能的影响［J］. 环保科技,2014(6):57-60.

［12］　刘怡君. 芬顿反应强化污泥脱水试验及机理研究［J］. 环境工程,2017,35(04):55-59.

［13］　Liu H,Yang J K,Shi Y,et al. Conditioning of sewagesludge by Fenton's reagent combined with skeleton builders［J］. Chemosphere,2012,88(2):235-239.

［14］　潘胜,黄光团,谭学军,等. Fenton 试剂对剩余污泥脱水性能的改善［J］. 净水技术,2012,31(03):26-31,35.

［15］　陈小英,郑林虹,邱高顺. Fenton 法改善剩余污泥脱水性能的研究［J］. 中国环保产业,2015(08):51-53.

［16］　汪毅恒,范艳辉,柳海波. 阳离子聚丙烯酰胺(PAM)改善污泥脱水性能

的研究[J]. 北方环境,2012,24(02):105-108.

[17] Yu G H,He P J,Shao L M,et al. Stratification structure of sludge flocs with implications to dewaterability[J]. Environmental Science and Technology,2008,42(21):7944-7949.

[18] 章广德,孙明宇. 应用聚丙烯酰胺对市政污泥脱水性能影响的研究[J]. 环境科学与管理,2017,42(11):108-111.

[19] 李玉瑛,曹晨旸,李冰. 超声波对剩余污泥化学调理的影响[J]. 生态环境学报,2012,21(07):1357-1360.

[20] 曹秉帝,张伟军,王东升,等. 高铁酸钾调理改善活性污泥脱水性能的反应机制研究[J]. 环境科学学报,2015,35(12):3805-3814.

[21] 胡东东,俞志敏,卫新来,等. 超声波与 PAM 联用改善污泥脱水性能的研究[J]. 环境科技,2015,28(06):40-43.

[22] 宫常修,蒋建国,杨世辉. 超声波耦合 Fenton 氧化对污泥破解效果的研究——以粒径和溶解性物质为例[J]. 中国环境科学,2013,33(02):293-297.

[23] Montgomery D C. Design and analysis of experiments[M]. 3 rd. New York:John Wiley and Sons,1991.

[24] Yu X Y,Zhang S T,Liu Y,et al. Mathematical Model for Electroosmotic Dewatering of Activated Sludge[J]. Transactions of Tianjin University,2011,17(01):39-44.

[25] 廖素凤,陈剑雄,杨志坚,等. 响应曲面分析法优化葡萄籽原花青素提取工艺的研究[J]. 热带作物学报,2011,32(3):554-559.

[26] Little T M,Hills F J. Agricultural experimental:Design and analysis[M]. New York:John Wiley and Sons,1978.

2 微波石灰Fenton改善污泥脱水性能研究

2.1 实验材料及方法

2.1.1 污泥性质及使用仪器

实验所用污泥取自××污水处理厂二沉池回流污泥,取回后静置24～48 h,待其稳定后去掉上层清液,取出沉淀污泥待用。实验药品包括98% CaO,Fenton试剂(现配现用:10% $FeSO_4$+30% H_2O_2按摩尔比1:3配制)。实验所用污泥基本性质见表2-1。污泥样品取样现场见图2-1。

表 2-1   污泥的基本性质

参数	数值
SRF/(m/kg)	1.37×10^{13}
CST/s	35.2 ± 0.5
pH 值	6.5 ± 0.3
含水率/%	98.43
黏度/(mPa·s)	288

2.1.2 实验的主要仪器

分析项目与使用仪器见表2-2。超声微波协同处理工作站见图2-2。

图 2-1　污泥取样现场

表 2-2　　　　　　　　　　　　分析项目与使用仪器

编号	实验项目	仪器名称
1	粒径分析实验	贝克曼粒径分析仪
2	热重分析实验	热重分析仪
3	污泥含水率/%	卤素水分测定仪
4	微波处理污泥	XO-SM100 超声波微波协同工作站
5	污泥 pH 值	PHS-3C 实验室 pH 计
6	污泥比阻/(m/kg)	CBP347 比阻(SRF)实验装置
7	污泥黏度/(Pa·s)	SNB-1 旋转黏度计
8	污泥毛细吸水时间/s	TYPE 304B CST 测定仪

2.1.3　实验过程

实验过程分为 3 个阶段，单因素实验、微波石灰 Fenton 三因素耦合实验及准确度验证实验。

（1）单因素实验，即确定单因素最佳范围值的实验：① 分别控制微波的作用时间、Fenton 试剂的投加量及石灰用量，考察单一因素对污泥脱水性能相关指标的影响结果；② 通过 Origin 8.0 软件绘制出趋势图，分析实验结果，从而确定各个因素的最优范围区间。

图 2-2　超声波微波协同工作站

（2）微波石灰 Fenton 三因素耦合实验，即确定微波石灰 Fenton 三因素耦合的最优范围区间：① 根据单因素实验结果及 Origin 8.0 软件确定出的最佳范围，输入 Design-Expert 8.0 软件，依据 Box-Behnken 实验设计的要求确定三因素耦合的 17 组实验内容，并按其实验设计内容分别进行实验；② 对各个单因素的最优范围值进行编码，记录微波作用能量、石灰投加量、Fenton 试剂投加量相对应的真实值、编码值和变量的范围和水平；③ 得出实验结果后再输入 Design-Expert 8.0 软件，采用曲面响应优化的方法得出二次多项的拟合方程、方差分析及曲面响应优化结果。真实值和对应编码变量的范围和水平见表 2-3。

表 2-3　　　　　　　　　真实值和对应编码变量的范围和水平

因素	代码		编码水平		
	真实值	编码值	−1	0	1
微波作用能量/J	ε_1	X_1	2700	12500	21600
石灰投加量/g	ε_2	X_2	0.1	1.3	2.5
Fenton 试剂投加量/(mL/mL)	ε_3	X_3	6	11	16

该模型的二次多项方程为：

$$Y = \beta_0 + \sum_{i=1}^{3} \beta_i X_i + \sum_{i=1}^{3} \beta_{ii} X_i^2 + \sum \cdot \sum_{i<j=2}^{3} \beta_{ij} X_i X_j \qquad (2\text{-}1)$$

式中　Y——本次试验的因变量预测响应值，因变量有：WC，泥饼含水率，%；

　　　　CST，毛细吸水时间，s；SRF，污泥比阻，m/kg。

　　　X_i，X_j——自变量代码值。

β_0——影响因素常数项。

β_i——影响因素线性系数。

β_{ii}——影响因素二次项系数。

β_{ij}——影响因素交互项系数。

（3）系统验证实验，即由实际试验结果验证由软件得出的预测结果：将曲面响应优化结合 Mathematica 8.0 软件得出的最佳值进行实验，以 WC、SRF 和 CST 为表征指标，重复上述的实验过程，验证所确定的实验条件的最优范围值的准确性。

（4）其他验证实验。① 热重分析验证实验：将原污泥，微波（540 W、30 s）、Fenton 试剂（11 mL/100 mL）和石灰（1.0 g/100 mL）三因素耦合调理后的剩余污泥，这两份污泥同时在 N_2 的气氛中以 10 K/min 的速率升温，且通气速率为 20 mL/min 的条件下对样品进行热重分析，进一步确认结论的准确性。② 粒径的颗粒分析实验：将原污泥，微波（540 W、30 s）、Fenton 试剂（11 mL/100 mL）和石灰（1.0 g/100 mL）三因素耦合调理后的剩余污泥进行粒径分析实验，验证热重实验与曲面响应优化得出的最佳结果。

实验流程见图 2-3。

2.1.4 脱水性能指标测定

2.1.4.1 污泥比阻（SRF）和黏度测定

污泥比阻是表示污泥过滤特性的综合指标，其值反映污泥脱水性能好坏，SRF 越大，其脱水性能越差。

测定 SRF 的具体步骤是：将孔径大小合适的定性滤纸小心放入布氏漏斗中，润湿后使其与漏斗紧密贴合，然后缓慢加入 100 mL 待测污泥，在 0.04 MPa 的真空压力下进行抽滤，并同时启动秒表，每隔 30 s 记录下透明计量管内相应的污泥滤液量，直到系统的真空破坏即可。所测剩余污泥的过滤时间 t 与滤液体积 V 呈线性关系，并满足式（1-2）。污泥比阻计算方法见式（1-3）。

污泥比阻实验装置见图 2-4。污泥离心分离实验装置见图 2-5。

2.1.4.2 毛细吸水时间（CST）测定

毛细吸水时间（CST）也是一个表示污泥脱水性能的指标，具有测定简便、快速的特点。CST 值越大，表明所测污泥的脱水性能越差，反之，脱水性能越好。

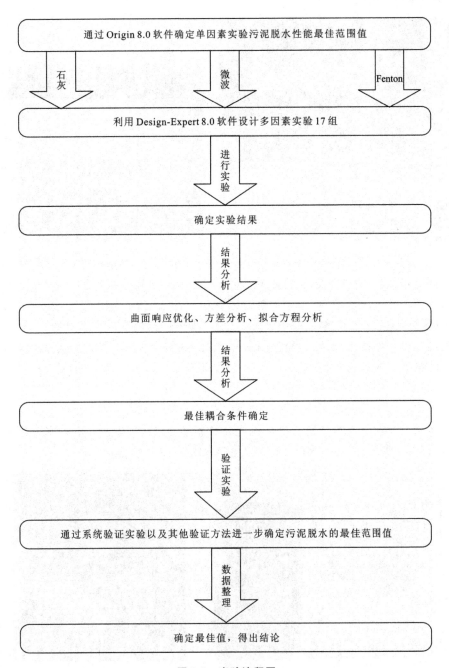

图 2-3　实验流程图

图 2-4 污泥比阻实验装置　　　　图 2-5 污泥离心分离实验装置

测定步骤为：打开测定仪的开关，按下测试按钮，再取适量污泥样品倒入套管，同时第二次按下测试按钮，污泥中的水分就通过滤纸向四周散开，形成一个湿圈，当湿圈扩展到第一个电触头时电信号产生，出现短促的蜂鸣声表示计时开始，直到湿圈继续扩大并接触到第二个触头时，电信号中断，会再次出现连续的蜂鸣声，表示计时结束。这时，计时器显示的时间即 CST 值。CST 测定装置见图 2-6。

2.1.4.3　泥饼含水率的测定

将用污泥比阻实验装置处理后的泥饼称量后取 1～3 g 放入卤素水分测定仪中，如图 2-7 所示，将温度调至 120 ℃，测定含水率，记录数据。

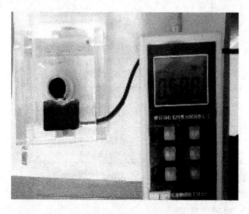

图 2-6 CST 测定装置　　　　图 2-7 卤素水分测定仪

2.1.4.4　污泥粒径分析

分别取原剩余污泥和经微波、石灰、Fenton 试剂三因素耦合调理后的污泥,抽滤脱水 5~10 min 后再取 1~6 g 泥饼密封保存好,之后送往实验室进行粒径颗粒分析。

2.1.4.5　污泥热重分析

分别取原剩余污泥和经微波、石灰、Fenton 试剂三因素耦合调理后的污泥,抽滤脱水 5~10 min 后再取 1~6 g 泥饼密封保存好,之后送往分析测试中心进行热重(TG-DTG)分析。

2.2　结果与讨论

2.2.1　单因素实验

2.2.1.1　微波辐射对污泥脱水性能的影响

静置 24~48 h 后,取出上层清液的污泥 250 mL,分别倒入 16 个 250 mL 的烧杯中,然后依次微波处理,分别在 180 W、360 W、540 W 三个功率下反应 15 s、20 s、25 s、30 s、35 s、40 s,记录所需数据见表 2-4。

表 2-4　　　　　　　　　　微波处理后的污泥比阻结果

真空抽滤压力/Pa	黏度/(Pa·s)	过滤面积/m^2	微波能量 X/J	污泥干重 w/g	微波处理情况	污泥过滤量曲线斜率	SRF/(m/kg)	泥饼含水率/%	污泥比阻减少率/%
40000	0.000936	0.1656	13248	0.007926	原污泥	0.768	1.37×10^{13}	0.9843	—
40000	0.000936	0.1656	13248	0.008295	微波 1	0.223	3.81×10^{12}	0.8226	0.7219
40000	0.000936	0.1656	13248	0.007992	微波 2	0.2133	3.78×10^{12}	0.7928	0.7241
40000	0.000936	0.1656	13248	0.008095	微波 3	0.2002	3.50×10^{12}	0.8029	0.7445
40000	0.000936	0.1656	13248	0.007727	微波 4	0.189	3.46×10^{12}	0.7667	0.7474
40000	0.000936	0.1656	13248	0.008061	微波 5	0.207	3.64×10^{12}	0.7996	0.7343

续表

真空抽滤压力/Pa	黏度/(Pa·s)	过滤面积/m²	微波能量X/J	污泥干重w/g	微波处理情况	污泥过滤量曲线斜率	SRF/(m/kg)	泥饼含水率/%	污泥比阻减少率/%
40000	0.000936	0.1656	13248	0.00802	微波6	0.1852	3.27×10^{12}	0.7955	0.7613
40000	0.000936	0.1656	13248	0.00809	微波7	0.1724	3.02×10^{12}	0.8024	0.7796
40000	0.000936	0.1656	13248	0.008037	微波8	0.1626	2.86×10^{12}	0.7972	0.7912
40000	0.000936	0.1656	13248	0.008295	微波9	0.1626	2.77×10^{12}	0.8226	0.7978
40000	0.000936	0.1656	13248	0.008065	微波10	0.1724	3.03×10^{12}	0.7999	0.7788
40000	0.000936	0.1656	13248	0.00727	微波11	0.1803	3.51×10^{12}	0.7217	0.7438
40000	0.000936	0.1656	13248	0.007433	微波12	0.1661	3.16×10^{12}	0.7377	0.7693
40000	0.000936	0.1656	13248	0.00736	微波13	0.147	2.83×10^{12}	0.7305	0.7934
40000	0.000936	0.1656	13248	0.007603	微波14	0.1313	2.44×10^{12}	0.7545	0.8219
40000	0.000936	0.1656	13248	0.007377	微波15	0.1621	3.11×10^{12}	0.7322	0.7730

通过改变污泥中微生物的活性以及提升温度促进污泥聚合物的水解来破坏污泥结构,实现污泥脱水性能的改善。

微波辐射对污泥脱水性能影响的实验流程图如图2-8所示。

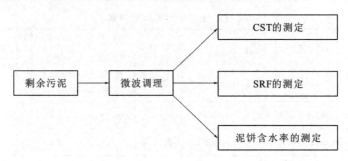

图2-8 微波处理对污泥脱水性能影响的实验流程图

微波处理并抽滤后的泥饼见图2-9。微波处理后的污泥比阻结果见表2-4。

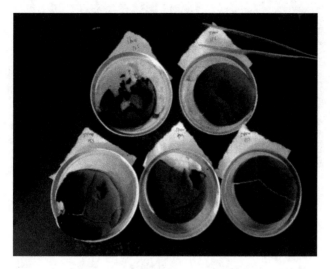

图 2-9　微波处理并抽滤后的泥饼

微波作用时间对剩余污泥脱水性能改善的影响结果如图 2-10～图 2-15 所示。

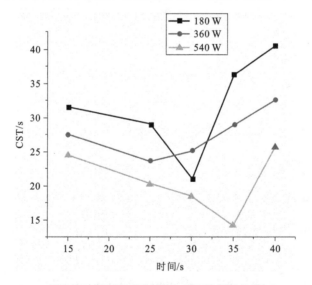

图 2-10　微波作用时间对 CST 的影响结果

由图 2-10～图 2-15 可知,在不同的微波功率下,随着微波辐射时间的延长,污泥的 CST、SRF 以及 WC 均呈现先减小后增大的趋势。微波功率为 180 W、360 W 和 540 W 时,CST 分别在 30 s、25 s 和 35 s 时达到最小值,WC 分别在 25 s、25 s 和 35 s 达到最小值,SRF 则均在 35 s 时达到最小值。因此,适当的微波辐射可以改善污泥脱水性能,微波功率越强,CST、SRF 及 WC 减小的速率越快,污泥脱水效果越好,但有一定的范围值限制,超过 540 W 后对其效果反而会有抑制作用。

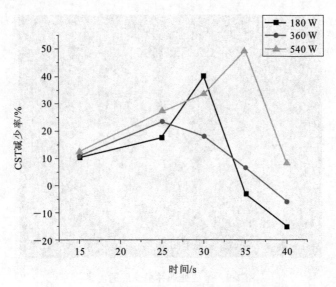

图 2-11　微波作用时间对 CST 减少率的影响结果

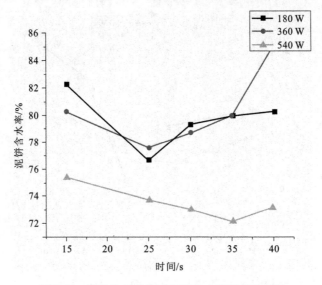

图 2-12　微波作用时间对泥饼含水率的影响结果

　　微波辐射时间代表对污泥处理能量的输入，同样对脱水性能有影响，一般在 25～35 s 区间内，过短效果不明显，过长则会使上述三个指标增大，脱水性能恶化。可以发现在 540 W 的功率下，无论是 CST、WC 还是 SRF 的最小值均较稳定，都是在微波辐射 35 s 的条件下达到的，其值也是多组实验中的最小值。因此，可以初步确定微波辐射处理污泥，使其脱水性能最好的条件是：在 540 W 的功率下辐射 35 s。此时污泥的 CST 为 14.2 s，WC 为 72.17%，SRF 为 2.45×10^6 m/kg。傅大放等从

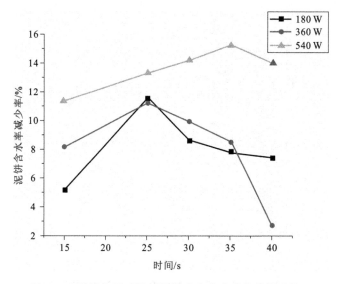

图 2-13　微波作用时间对泥饼含水率减少率的影响结果

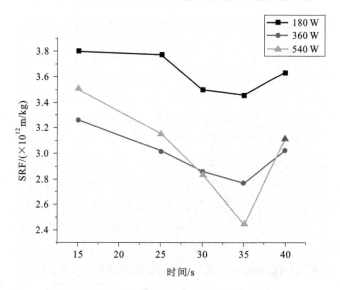

图 2-14　微波作用时间对 SRF 的影响结果

$P=750$ W 的微波辐射浓缩池污泥发现,辐射 45 s,污泥含水率可降为 36%。这说明微波对于污泥脱水性能的改善效果较明显,微波辐射处理污泥颗粒粗大化是促使其脱水性能改善的重要原因,污泥微波干燥后形成大块的松散结构,传统加热过程只能形成细小的紧密块状结构。

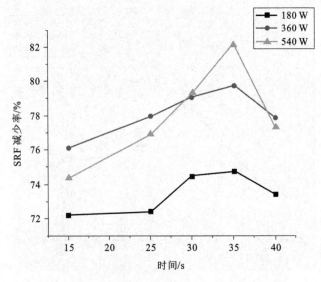

图 2-15　微波作用时间对 SRF 减少率的影响结果

2.2.1.2　Fenton 试剂对污泥脱水性能的影响

Fenton 氧化体系的优点在于其分解速度快，从而氧化降解有机物的速率也较快。早期 Fenton 试剂的研究和应用仅限于有机合成领域，将其应用于污泥处理的时间并不长，但效果显著，其主要原理是利用 Fenton 试剂较强的氧化性和絮凝作用，破坏污泥的胶态结构，使得污泥絮体表面 EPS 部分氧化和重组，以改善污泥的絮凝脱水性能。取静置好的污泥 600 mL，平均倒入 5 个 250 mL 的烧杯中，烧杯依次编号为①、②、③、④、⑤，再依次加入 6 mL/100 mL（3 mL/100 mL $FeSO_4$ 和 3 mL/100 mL H_2O_2，加入方法是先向污泥中加入 $FeSO_4$ 搅拌均匀，再加入 H_2O_2 后搅拌至充分反应，该顺序可起到防止剧烈反应的作用），8 mL/100 mL，10 mL/100 mL，12 mL/100 mL，14 mL/100 mL，16 mL/100 mL 的 Fenton 试剂（现用现配），测定其 CST、WC 和 SRF 的数值。

Fenton 试剂对污泥脱水性能影响的实验流程图如图 2-16 所示。

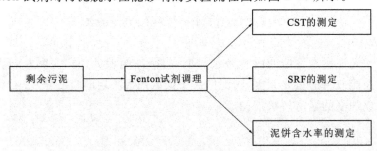

图 2-16　Fenton 试剂处理污泥流程图

Fenton 试剂处理污泥并抽滤的部分泥饼见图 2-17。

图 2-17 Fenton 处理污泥并抽滤的部分泥饼

Fenton 试剂处理污泥后的 SRF 见表 2-5。

表 2-5   **Fenton 试剂处理污泥后的 SRF**

真空抽滤压力/Pa	黏度/(Pa·s)	过滤面积/m²	微波能量 X/J	污泥干重 w/g	Fenton 试剂投加情况	污泥过滤量曲线斜率	SRF/(m/kg)	泥饼含水率/%	污泥比阻减少率/%
40000	0.000936	0.1656	13248	0.007926	原污泥	0.768	1.37×10^{13}	0.9843	
40000	0.000936	0.1656	13248	0.007375	Fenton 1	0.0576	1.11×10^{12}	0.732	0.9190
40000	0.000936	0.1656	13248	0.007968	Fenton 2	0.0424	7.53×10^{12}	0.7904	0.9450
40000	0.000936	0.1656	13248	0.007843	Fenton 3	0.0243	4.38×10^{11}	0.7781	0.9680
40000	0.000936	0.1656	13248	0.007277	Fenton 4	0.0203	3.94×10^{11}	0.7224	0.9712
40000	0.000936	0.1656	13248	0.007676	Fenton 5	0.0285	5.26×10^{11}	0.7617	0.9616
40000	0.000936	0.1656	13248	0.007492	Fenton 6	0.0388	7.33×10^{11}	0.7435	0.9465

Fenton 试剂对剩余污泥脱水性能改善的影响如图 2-18～图 2-20 所示。

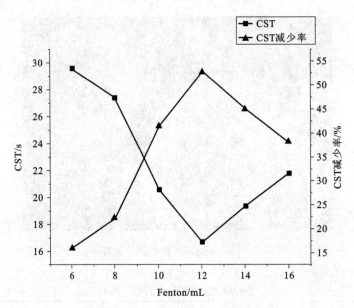

图 2-18　Fenton 试剂对 CST 的影响

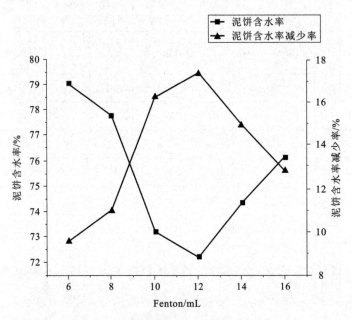

图 2-19　Fenton 试剂对泥饼含水率的影响

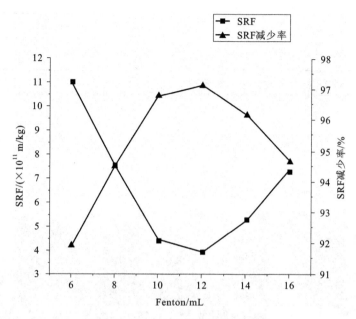

图 2-20　Fenton 试剂对 SRF 的影响

可以看出污泥的 CST、WC 及 SRF 随着 Fenton 试剂投加量增加呈现出先降低后上升的趋势,并在 Fenton 试剂投加量为 12 mL/100 mL 时,污泥的 CST 降至 16.6 s,WC 为 72.24%,SRF 为 3.95×10^6 m/kg。此后,随着 Fenton 试剂投加量的继续增加,以上三个指标反而会上升。由实验结果以及相关文献可知,Fenton 试剂只在某一固定区间内对剩余污泥脱水性能改善起促进作用,其投加量的最佳作用范围在 (12 ± 0.2) mL/100 mL 之间。瑞典的 Kemira 公司在丹麦建立了基于 Fenton 氧化的污泥处理厂,通过酸化、氧化和絮凝等一系列处理后的污泥可达到直接农用的要求,结合本次对于××市生活污水的处理实验可知,Fenton 试剂对于污泥的脱水性能改善以及有毒物质的降解均有显著的效果,特别是有很好的脱水效果,值得深入研究。

2.2.1.3　石灰对污泥脱水性能的影响

取静置后的污泥 100 mL 各 5 份,分别放在 5 个烧杯中,依次加入 0.5 g、1 g、1.5 g、2 g、2.5 g 的生石灰,搅拌均匀,测定污泥脱水性能的 CST、WC 及 SRF。

石灰对污泥脱水性能影响的实验流程图如图 2-21 所示。

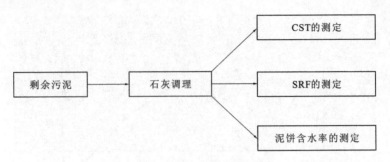

图 2-21　石灰处理污泥流程图

石灰处理并抽滤后的泥饼见图 2-22。

图 2-22　石灰处理并抽滤后的泥饼

石灰处理污泥后 SRF 结果见表 2-6。

表 2-6　　　　　　　　　　　　石灰处理后 SRF

真空抽滤压力/Pa	黏度/(Pa·s)	过滤面积/m²	微波能量 X/J	污泥干重 w/g	石灰投加情况	曲线斜率	SRF/(m/kg)	泥饼含水率/%	污泥比阻减少率/%
40000	0.000936	0.1656	13248	0.007926	原污泥	0.768	1.37×10^{13}	0.9843	
40000	0.000936	0.1656	13248	0.007332	石灰1	0.2915	5.63×10^{12}	0.7278	0.5891
40000	0.000936	0.1656	13248	0.007648	石灰2	0.1863	3.45×10^{12}	0.7589	0.7482
40000	0.000936	0.1656	13248	0.007427	石灰3	0.2477	4.72×10^{12}	0.7371	0.6555
40000	0.000936	0.1656	13248	0.00765	石灰4	0.2797	5.18×10^{12}	0.7591	0.6219
40000	0.000936	0.1656	13248	0.004482	石灰5	0.2497	7.89×10^{12}	0.4462	0.4241

单独投加生石灰,实验结果如图 2-23～图 2-25 所示。

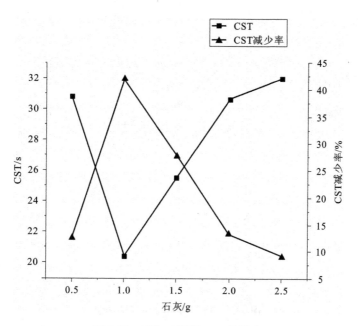

图 2-23　石灰对污泥 CST 的影响

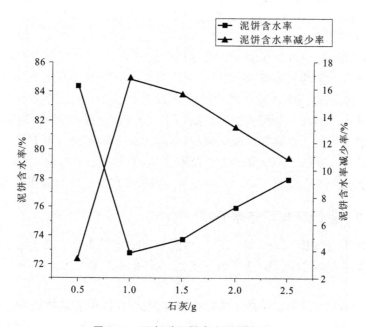

图 2-24　石灰对泥饼含水率的影响

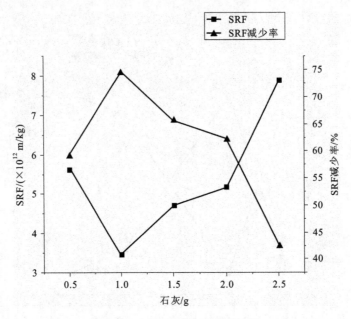

图 2-25　石灰对污泥 SRF 的影响

当污泥中 CaO 的投入量为 1.0 g/100 mL 时，CaO 氧化中和混凝作用充分发挥，滤液体积与污泥比阻的变化都趋于稳定，可使污泥比阻由原污泥的 1.37×10^{13} m/kg 降至 3.45×10^{12} m/kg，降低了约 74.82%。毛细吸水时间达到最低值 20.4 s，减小率为 42.05%。SRF 为 75.89%，减少率为 22.90%。继续投加生石灰，毛细吸水时间、泥饼含水率以及污泥比阻反而会上升，说明石灰对于污泥脱水性能的改善有一定的范围值，本实验结果表明污泥中 CaO 的最佳投加量是（1.0±0.3）g/100 mL。冯凯等研究发现，石灰调质工艺与石灰干化工艺在污泥深度脱水方面效果基本相当，处理后的泥饼含水率均小于 60%。实验结果说明，石灰对于剩余污泥脱水性能的改善有积极的促进作用，而针对石灰这一单因素对于改善污泥脱水性能的研究已经不能满足工艺处理要求，因此可以从微波、石灰、Fenton 试剂协同作用这一方向突破，深入研究，寻求改善污泥脱水性能的最佳范围值。

2.2.2　多因素模型方差分析

在单因素实验及 Origin 8.0 软件共同确定的最佳范围的基础上，通过 Box-Behnken实验方案进行实验可得到三因素耦合作用的实验设计及结果，如表 2-7 所示。

运用 Mathematica 8.0 软件可以求得方程式（2-1）中的系数，并对表 2-7 中的响应值得真实值与预测值进行对比分析，其中，X_1 表示微波，X_2 表示石灰，X_3 表示 Fenton。

表 2-7 响应曲面设计及结果

编号	编码值			CST/s		泥饼含水率/%		污泥比阻/(m/kg)	
	X_1	X_2	X_3	真实值	预测值	真实值	预测值	真实值	预测值
1	0	0	0	45.80	48.86	82.17	83.25	1.350×10^{12}	1.244×10^{12}
2	−1	0	1	30.30	36.06	74.23	74.32	1.520×10^{12}	1.327×10^{12}
3	0	1	−1	41.40	35.64	78.12	78.03	9.520×10^{11}	1.145×10^{12}
4	0	1	1	50.70	47.64	75.71	74.63	1.450×10^{12}	1.556×10^{12}
5	1	0	1	43.60	41.96	88.38	88.01	1.310×10^{12}	1.168×10^{12}
6	−1	1	0	46.80	42.46	74.62	75.24	1.430×10^{12}	1.375×10^{12}
7	0	0	0	43.20	47.54	79.00	78.38	1.060×10^{12}	1.115×10^{12}
8	0	0	0	44.60	46.24	78.46	78.82	1.260×10^{12}	1.402×10^{12}
9	−1	0	−1	38.60	37.17	84.32	83.61	1.290×10^{12}	1.539×10^{12}
10	0	−1	−1	28.90	36.30	75.67	76.12	1.400×10^{12}	1.349×10^{12}
11	1	1	0	49.20	41.80	76.00	75.55	1.220×10^{12}	1.271×10^{12}
12	−1	−1	0	39.60	41.02	77.42	78.13	1.840×10^{12}	1.592×10^{12}
13	1	0	−1	24.80	21.04	72.01	64.35	6.640×10^{11}	7.066×10^{11}
14	1	−1	0	25.00	21.04	73.44	64.35	8.310×10^{11}	7.066×10^{11}
15	0	0	0	31.60	21.04	60.01	64.35	6.350×10^{11}	7.066×10^{11}
16	0	−1	1	12.80	21.04	61.58	64.35	7.540×10^{11}	7.066×10^{11}
17	0	0	0	11.00	21.04	54.73	64.35	6.490×10^{11}	7.066×10^{11}

2.2.2.1 泥饼含水率模型方差分析

WC 的多元二次回归方程模型为：

WC $= 64.35 - 3.08X_1 - 1.22X_2 - 1.51X_3 + 1.38X_1X_2 + 3.30X_1X_3 +$

$\qquad 2.52X_2X_3 + 7.48X_1^2 + 5.72X_2^2 + 8.28X_3^2$ (2-2)

从式(2-2)中可以看出，该模型图形是开口向上的，有极小值，实验存在最佳值，对该模型进行真实性与预测性对比检测，如图 2-26 所示。

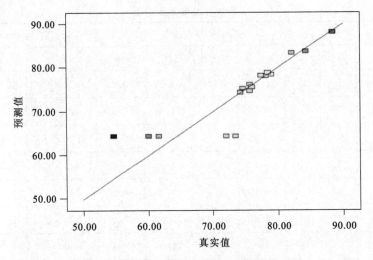

图 2-26 泥饼含水率的真实值和预测值的对比

由图 2-26 可以看出，图中的斜率接近 1，散点分布较均匀，趋势线的两侧的散点数基本一致，说明用该模型代替实验真实值对实验结果进行方差分析的结果具有相当高的准确性。

泥饼含水率回归方程模型的方差分析见表 2-8。

表 2-8　　　　　　　　泥饼含水率回归方程模型的方差分析

来源	平方和	自由度	均方	F	$P(Prob > F)$
	SS	DF	MS		
模型	920.53	9	102.28	2.70	0.1020
X_1	75.95	1	75.95	2.01	0.1997
X_2	12.00	1	12.00	0.32	0.5910
X_3	18.33	1	18.33	0.48	0.5091
X_1X_2	7.65	1	7.65	0.20	0.6668
X_1X_3	43.69	1	43.69	1.15	0.3184
$X_2^2X_3$	25.35	1	25.35	0.67	0.4403
X_1^2	235.77	1	235.77	6.22	0.0413
X_2^2	137.79	1	137.79	3.64	0.0982
X_3^2	288.53	1	288.53	7.62	0.0281

续表

来源	平方和	自由度	均方	F	P(Prob>F)
	SS	DF	MS		
残差	265.15	7	37.88		
拟合不足	4.80	3	1.60	0.025	0.9940
误差	260.36	4	65.09		
总误差	1185.69	16			

通过表 2-8 方差分析结果可知,该模型的 F 值为 2.70,模型的校正系数 R_{adj}^2 为 0.8980,回归系数 R^2 为 0.994,接近 1,由此可以看出,该模型拟合的真实性较高,用其值来代表真实值具有较高的可信度,可以解释约 90% 的响应值变化,说明该模型的准确度接近真实情况,其拟合效果是显著的。综上所述,SRF 的多元二次回归方程模型的准确度和真实性均较高,可以对微波、Fenton 试剂和石灰联合调理剩余污泥不同作用时间和不同投加量条件下的泥饼含水率进行预测。

2.2.2.2 毛细吸水时间模型的方差分析

毛细吸水时间的多元二次回归方程模型为:

$$CST = 21.04 - 0.20X_1 - 0.41X_2 + 2.34X_3 + 6.20X_1X_2 - 0.45X_1X_3 +$$
$$0.025X_2X_3 + 13.24X_1^2 + 7.77X_2^2 + 10.27X_3^2 \tag{2-3}$$

CST 最佳值曲线图见图 2-27。由式(2-3)及图 2-27 可知,该方程的抛物面开口向上,有极小值点,可以找到该响应值的最优点,能够进行最优化分析。对该 CST 模型进行真实性与预测性对比分析,如图 2-28 所示,可以看出,图像中的斜率接近 1,真实值与预测值差距不大,散点均匀分布在趋势线两侧,说明可以用该模型代替实验真实值对实验结果进行方差分析。通过对该方程的方差分析及准确度检验,能够得到相应的结果,见表 2-6,能够很好地显现出真实性。模型的校正系数 R_{adj}^2 为 0.8828,表明该模型可以解释 89% 左右的响应值变化,该模型回归系数为 0.9896,说明模型与真实值实验相似,可以对微波、Fenton 试剂和石灰联合调理剩余污泥不同作用时间和投加量条件下的 CST 进行预测。

CST 回归方程模型的方差分析见表 2-9。

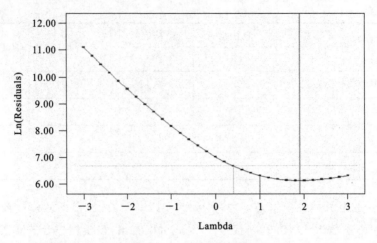

图 2-27　CST 最佳值曲线图

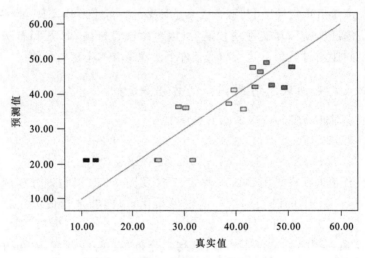

图 2-28　CST 的真实值和预测值的对比

表 2-9　　　　　　　　　　CST 回归方程模型的方差分析

来源	平方和	自由度	均方	F	$P(\mathrm{Prob} > F)$
	SS	DF	MS		
模型	1794.63	9	199.40	2.53	0.1172
X_1	0.32	1	0.32	4.060×10^{-3}	0.9510
X_2	1.36	1	1.36	0.017	0.8991
X_3	43.71	1	43.71	0.55	0.4807

续表

来源	平方和	自由度	均方	F	$P(\mathrm{Prob}>F)$
	SS	DF	MS		
X_1X_2	153.76	1	153.76	1.95	0.2052
X_1X_3	0.81	1	0.81	0.010	0.9221
X_2X_3	2.500×10^3	1	2.500×10^3	3.172×10^{-5}	0.9957
X_1^2	738.37	1	738.37	9.37	0.0183
X_2^2	254.04	1	254.04	3.22	0.1157
X_3^2	443.88	1	443.88	5.63	0.0494
残差	551.77	7	78.82		
拟合不足	241.74	3	80.58	1.04	0.4656
误差	310.03	4	77.51		
总误差	2346.40	16			

2.2.2.3　污泥比阻模型的方差分析

污泥比阻的多元二次回归方程模型为：

$$\mathrm{SRF} = 7.066\times10^{11} + 1.235\times10^{11}X_1 + 3.2751\times10^{10}X_2 -$$
$$6.25\times10^9 X_3 + 8.2\times10^{10}X_1X_2 + 2.0\times10^{10}X_1X_3 +$$
$$1.275\times10^{11}X_2X_3 + 2.195\times10^{11}X_1^2 + 3.92\times10^{11}X_2^2 +$$
$$3.389\times10^{11}X_3^2 \tag{2-4}$$

SRF 最佳值曲线见图 2-29。由式(2-4)及图 2-29 可知,该方程的抛物面开口向上,有极小值点,能够找到该响应值的最优点,能够进行最优分析。通过对该方程的方差分析及准确度检验,能够得到相应的结果,见表 2-7,其中二次响应面回归模型的 F 值为 4.38,表明模型的准确度和精准度较高,能够很好地显现出真实性。模型的校正系数 R_{adj}^2 为 0.9684,表明该模型可以解释 97% 左右的响应值变化;该模型回归系数为 0.9843,说明模型与真实值实验相似,可以对微波、Fenton 和石灰联合调理剩余污泥不同作用时间和投加量条件下的污泥比阻进行预测。

图 2-30 为污泥比阻真实值和预测值的对比图,由图得出该模型可以代替真实测量。

SRF 回归方程模型的方差分析见表 2-10。

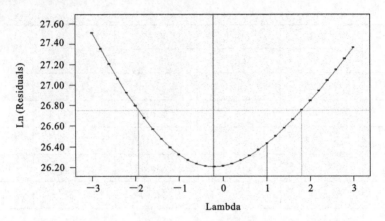

图 2-29　SRF 最佳值曲线图

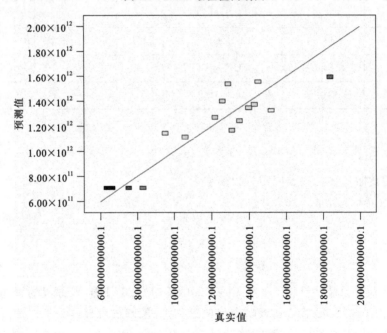

图 2-30　SRF 真实值和预测值的对比

表 2-10　　　　　　　　　　　　SRF 回归方程模型的方差分析

来源	平方和	自由度	均方	F	P(Prob>F)
	SS	DF	MS		
模型	1.704×10^{24}	9	1.893×10^{23}	4.41	0.0316
X_1	1.220×10^{23}	1	1.220×10^{23}	2.84	0.1357

来源	平方和	自由度	均方	F	P(Prob>F)
	SS	DF	MS		
X_2	8.580×10^{21}	1	8.580×10^{21}	0.20	0.6683
X_3	3.125×10^{20}	1	3.125×10^{20}	7.279×10^{-3}	0.9344
$X_1 X_2$	2.690×10^{22}	1	2.690×10^{22}	0.63	0.4546
$X_1 X_3$	1.600×10^{21}	1	1.600×10^{21}	0.037	0.8524
$X_2 X_3$	6.503×10^{22}	1	6.503×10^{22}	1.51	0.2582
X_1^2	2.028×10^{23}	1	2.028×10^{23}	4.72	0.0663
X_2^2	6.468×10^{23}	1	6.468×10^{23}	15.07	0.0060
X_3^2	4.837×10^{23}	1	4.837×10^{23}	11.27	0.0121
残差	3.005×10^{23}	7	4.293×10^{22}		
拟合不足	2.726×10^{23}	3	9.085×10^{22}	12.99	0.0157
误差	2.798×10^{22}	4	6.995×10^{21}		
模型	2.004×10^{24}	16			

2.2.3　响应曲面图与参数优化

为了更加直观地说明微波、石灰和 Fenton 试剂联合调理对污泥的泥饼含水率、毛细吸水时间和污泥比阻的影响以及表征响应曲面函数的性能,采用 Design-Expert Software 8.0 作出相应的等高线图与 3D 曲面图。

2.2.3.1　泥饼含水率响应曲面图与参数优化

泥饼含水率响应曲面图与参数优化等高线图和响应曲面图如图 2-31～图 2-36 所示。

图 2-31 和图 2-32 为石灰投加量为 10 g/L 时微波作用能量和 Fenton 试剂投加量对泥饼含水率的影响。可以看出,泥饼含水率随 Fenton 试剂投加量的增加呈减小趋势,Fenton 试剂的作用效果达到最佳时有一定的投加量范围。同理,泥饼含水率随微波作用功率的增加在一定范围内呈下降趋势,超过一定范围泥饼含水率会回升。

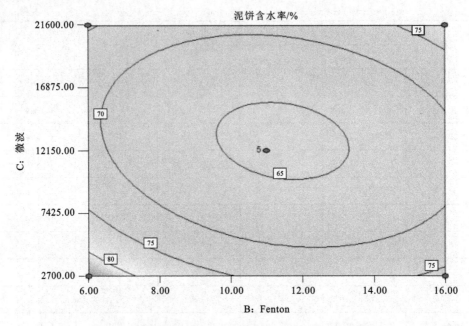

图 2-31　微波和 Fenton 试剂对泥饼含水率影响的等高线图

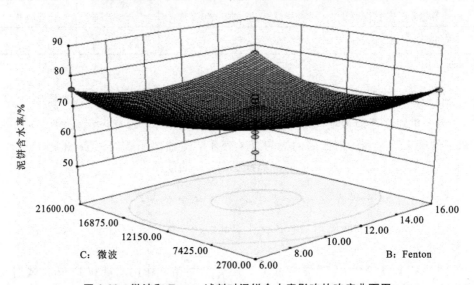

图 2-32　微波和 Fenton 试剂对泥饼含水率影响的响应曲面图

　　图 2-33 和图 2-34 为微波（540 W）作用时间为 35 s 时 Fenton 试剂和石灰投加量对泥饼含水率的影响。泥饼含水率随 Fenton 试剂投加量的增加呈减小趋势，Fenton 试剂的作用效果有一定的范围。同理，污泥的泥饼含水率随石灰的投加量的增加呈减小趋势，但超过一定的值后又会上升，说明石灰的作用效果有一定的范

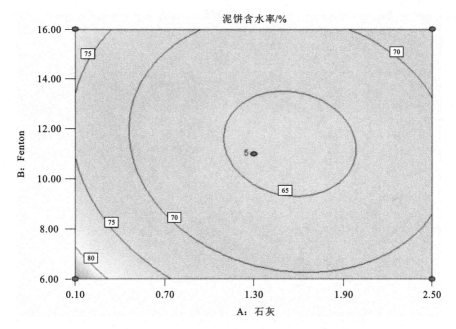

图 2-33　石灰和 Fenton 试剂对泥饼含水率影响的等高线图

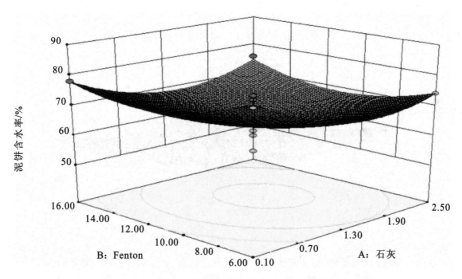

图 2-34　石灰和 Fenton 试剂对泥饼含水率影响的响应曲面图

围。需要对微波作用能量、Fenton 试剂和石灰投加量进行优化组合以使泥饼含水率降至最低。

　　图 2-35 和图 2-36 为 Fenton 试剂投加量为 11 mL/100 mL 时石灰投加量和微波作用能量对泥饼含水率的影响。由图可知,随着石灰投加量和微波作用时间的

增加，泥饼含水率总体呈先下降后上升的趋势，但是都有一定的作用范围，超出这一范围污泥含水率会回升。

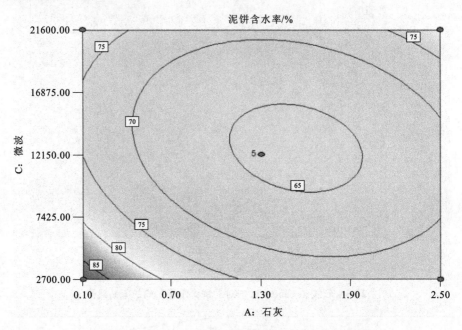

图 2-35　微波和石灰对泥饼含水率影响的等高线图

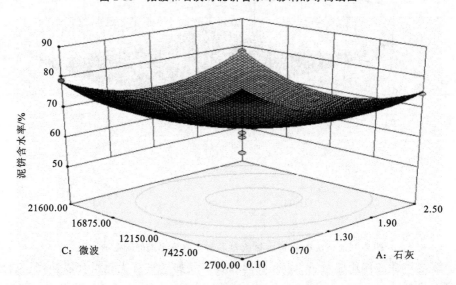

图 2-36　微波和石灰对泥饼含水率影响的响应曲面图

2.2.3.2 毛细吸水时间响应曲面图与参数优化

毛细吸水时间 CST 响应曲面图与参数优化等高线图和响应曲面图如图 2-37～图 2-42 所示。

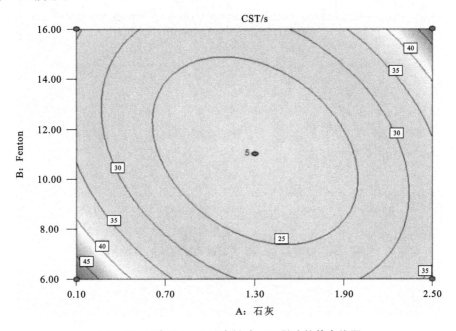

图 2-37 石灰和 Fenton 试剂对 CST 影响的等高线图

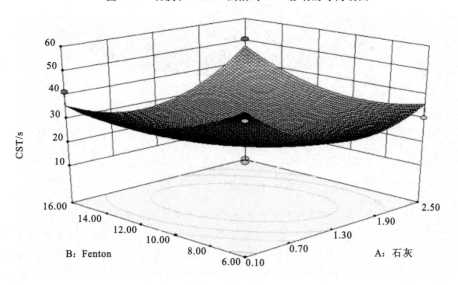

图 2-38 石灰和 Fenton 试剂对 CST 影响的响应曲面图

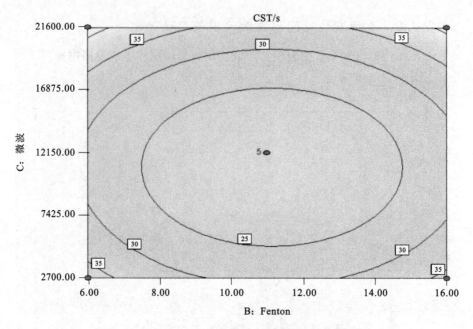

图 2-39　微波和 Fenton 试剂对 CST 影响的等高线图

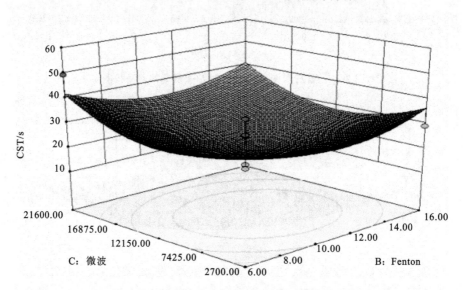

图 2-40　微波和 Fenton 试剂对 CST 影响的响应曲面图

　　图 2-37 和图 2-38 为微波（540 W）作用时间为 35 s 时石灰和 Fenton 试剂投加量对 CST 的影响。可以看出，CST 随石灰投加量的增加呈减小趋势。继续投加石灰，则呈上升趋势，说明石灰在某一特定范围对污泥的 CST 的减小起促进作用。同理，CST 随 Fenton 试剂投加量的增加在一定范围内呈下降趋势，超过一定范围

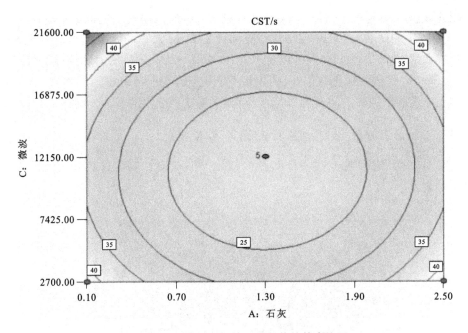

图 2-41　微波和石灰对 CST 影响的等高线图

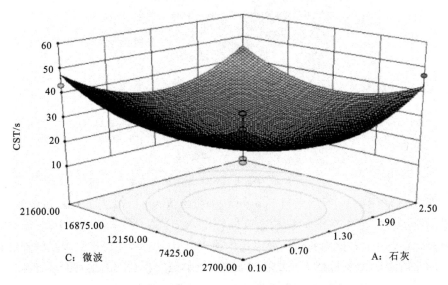

图 2-42　微波和石灰对 CST 影响的响应曲面图

就会回升。

　　图 2-39 和图 2-40 为石灰投加量为 1.0 g/100 mL 时微波作用能量和 Fenton 试剂投加量对污泥的 CST 的影响。可以看出，CST 随 Fenton 试剂投加量的增加呈减小趋势，Fenton 试剂的作用效果达到最佳时有一定的投加量范围。同理，

CST 随微波作用能量的增加在一定范围内呈下降趋势，超过一定值则会回升。

图 2-41 和图 2-42 为 Fenton 试剂投加量为 11 mL/100 mL 时微波作用能量和石灰投加量对 CST 的影响。可以看出，CST 随 Fenton 试剂投加量的增加呈减小趋势，Fenton 试剂的作用效果达到最佳时有一定的投加量范围。同理，CST 随微波作用能量的增加在一定范围内呈下降趋势，超过一定范围 CST 会回升。

2.2.3.3 污泥比阻响应曲面图与参数优化

污泥比阻（SRF）响应曲面图与参数优化等高线图和响应曲面图如图 2-43～图 2-48 所示。

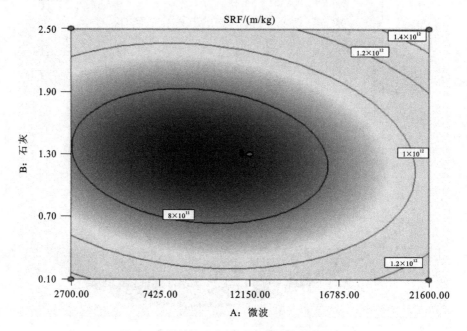

图 2-43 微波和石灰对 SRF 影响的等高线图

图 2-43 和图 2-44 所示为当 Fenton 试剂投加量为 11 mL/100 mL 时微波作用能量和石灰投加量对 SRF 的影响。可以看出，SRF 随 Fenton 试剂投加量的增加呈减小趋势，Fenton 试剂的作用效果达到最佳时有一定的投加量范围。同理，SRF 随微波作用能量的增加在一定范围内呈下降趋势，超过一定范围 SRF 会回升。

图 2-45 和图 2-46 所示为当微波（540 W）作用时间为 35 s 时石灰和 Fenton 试剂投加量对 SRF 的影响。可以看出，SRF 随石灰投加量的增加呈减小趋势，继续投加则有上升趋势，说明石灰在某一特定范围对污泥的 CST 的减小起促进作用。同理，SRF 随 Fenton 试剂投加量的增加在一定范围内呈下降趋势，超过一定范围就会回升。

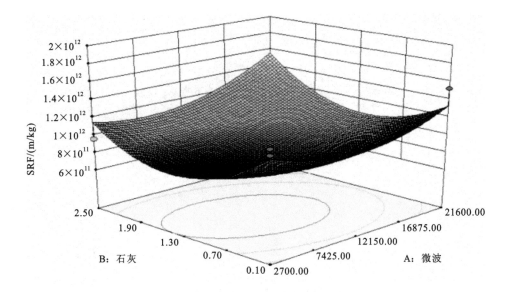

图 2-44　微波和石灰对 SRF 影响的响应曲面图

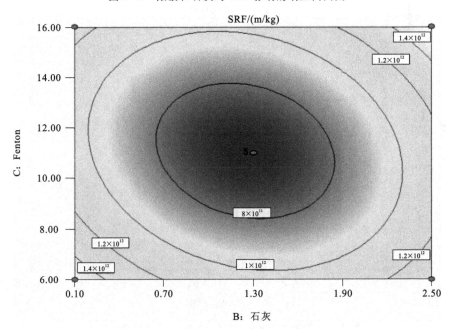

图 2-45　石灰和 Fenton 试剂对 SRF 影响的等高线图

图 2-47 和图 2-48 所示为石灰投加量为 1.0 g/100 mL 时微波作用能量和 Fenton 试剂投加量对污泥的污泥比阻的影响。可以看出，SRF 随 Fenton 试剂投加量的增加呈减小趋势，Fenton 试剂的作用效果达到最佳时有一定的投加量范

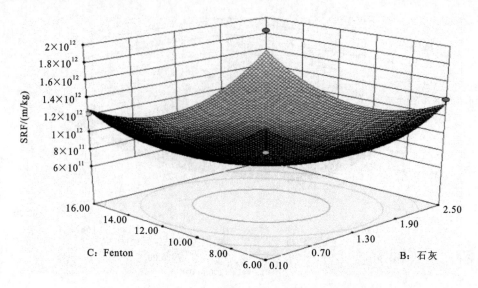

图 2-46   石灰和 Fenton 试剂对 SRF 影响的响应曲面图

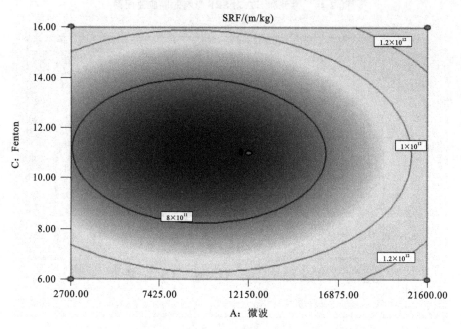

图 2-47   微波和 Fenton 试剂对 SRF 影响的等高线图

围。同理，SRF 随微波作用能量的增加在一定范围内呈下降趋势，超过一定值则会回升。

使用 Mathematica 8.0 软件和响应曲面模型确定上述三因素联合调理过程中变量运行的最佳条件，在确定微波的最佳作用功率为 540 W 后，泥饼含水率的回

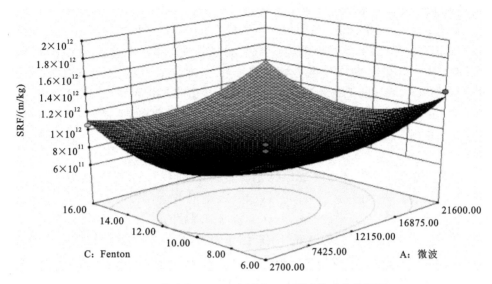

图 2-48　微波和 Fenton 试剂对 SRF 影响的响应曲面图

归方程模型在变量 $X_1=-0.78$、$X_2=0.45$ 和 $X_3=0.83$ 时取得最小值为 56.49％,对应的微波作用时间,Fenton 试剂和石灰投加量分别为 33.9 s,11.4 mL/100 mL 和 1.12 g/100 mL。将编码变量 X_1、X_2、X_3 的值代入 CST 模型方程,可得 CST 为 12.6 s,CST 的回归方程在变量 $X_1=-0.78$,$X_2=0.45$ 和 $X_3=0.83$ 时取得最小值为 11 s,对应的微波作用时间、Fenton 试剂和石灰的投加量分别为 34.2 s、12.3 mL/100 mL 和 0.98 g/100 mL。同时将变量 X_1,X_2,X_3 的值代入泥饼含水率的回归方程,得到对应条件下泥饼含水率为 55.73％。将变量 X_1,X_2,X_3 的值代入污泥比阻的回归方程,可以得出对应条件下的 SRF 为 6.42×10^{11} m/kg,对应的微波作用时间、Fenton 试剂和石灰的投加量分别为 35.3 s、12.07 mL/100 mL 和 1.05 g/100 mL。结合实验效果、经济因素优化分析后,选取微波作用时间、Fenton 试剂和石灰的最佳投加量分别为 35 s、11 mL/100 mL 和1.0 g/100 mL。

2.2.4　最优值验证

2.2.4.1　系统验证

为检验响应曲面模型方程模拟的最优条件的准确可靠性,在微波(540 W)作用时间,Fenton 试剂和石灰投加量分别为 35 s、11 mL/100 mL 和 1.0 g/100 mL 条件下进行验证实验,测定其泥饼含水率、CST 以及 SRF。通过实验得到的结果为:泥饼含水率为 (55.73±0.72)％,CST 为 (10.9±0.2)％,SRF 为 6.35×10^{11} m/kg,与模型拟合的预测值基本吻合。

（1）剩余泥饼含水率结果验证。

实验中，用量筒量分别取 100 mL 污泥置于 5 个 250 mL 的烧杯中，空白组不做任何处理，作为对照，编号为①；其他污泥分别处理。将污泥放入微波超声波协同反应站中以 540 W 的功率处理 35 s，编号为②；加入 1.3 g 的石灰搅拌均匀，编号为③；加入 12 mL 的 Fenton 试剂，编号为④；以微波 540 W 的功率处理 35 s，再加入 1.3 g 的石灰搅拌均匀，然后加入 11 mL 的 Fenton 试剂，搅拌 10~15 min，编号为⑤。并用 5 组样品进行实验（与测污泥比阻的方法类似），实验结束后记录其数据。

泥饼含水率实验结果如图 2-49 所示。实验所测得的 WC 值分别为：原污泥，78.63%；微波调理后的污泥，72.17%；Fenton 试剂调理后的污泥，72.24%；石灰调理后的污泥，72.78%；微波石灰 Fenton 协同调理后的污泥，54.73%。泥饼含水率越低，说明污泥的脱水性能越好。实验结果表明，剩余污泥在微波（540 W）作用时间，Fenton 试剂和石灰投加量分别为 35 s、11 mL/100 mL 和 1.0 g/100 mL 的耦合条件下泥饼含水率达到最低值，为 54.73%。

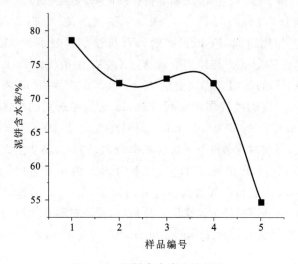

图 2-49　泥饼含水率实验结果

（2）污泥毛细吸水时间（CST）结果验证。

实验测定原污泥与单因素处理剩余污泥脱水性能最佳值及微波石灰 Fenton 协同作用后剩余污泥的 CST，进一步验证污泥脱水的最佳条件。实验中，用量筒分别量取 100 mL 污泥置于 5 个 250 mL 的烧杯中，一组不做任何处理，作为对照，编号为①；将污泥放入微波超声波协同反应站中以 540 W 的功率处理 35 s，编号为②；加入 1.3 g 的石灰搅拌均匀，编号为③；加入 12 mL 的 Fenton 试剂，编号为④；以微波 540 W 的功率处理 35 s，再加入 1.3 g 的石灰搅拌均匀，然后加入 11 mL 的

Fenton 试剂,搅拌 10~15 min,编号为⑤;重复单因素中的 CST 测定步骤,实验结束后记录其数据。

实验结果如图 2-50 所示,实验测得原污泥的 CST 为 35.2 s,微波调理后的污泥 CST 为 14.2 s,Fenton 试剂调理后的污泥 CST 为 16.6 s,石灰调理后的污泥 CST 为 20.4 s,微波石灰 Fenton 试剂协同调理后的污泥 CST 为 11 s,CST 越低,说明污泥越容易脱水。实验结果表明,剩余污泥在微波作用时间、Fenton 试剂和石灰投加量分别为 35 s、11 mL/100 mL 和 1.0 g/100 mL 的耦合条件下达到 CST 最佳值,为 11 s。

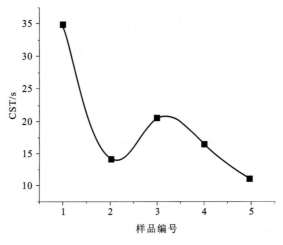

图 2-50 CST 实验结果

(3) 剩余污泥污泥比阻(SRF)结果验证。

对初始剩余污泥、微波、石灰、Fenton 试剂协同作用调理污泥效果、单独投加石灰调理污泥效果、单独微波调理污泥效果、单独投加 Fenton 试剂调理污泥效果进行分析比较。

污泥比阻(SRF)实验结果见图 2-51。实验中,用量筒量取 100 mL 污泥分别置于 5 个 250 mL 的烧杯中,一组不做任何处理,作为对照,编号为①;将污泥放入微波超声波协同反应站中以 540 W 的功率处理 35 s,编号为②;加入 1.3 g 的石灰搅拌均匀,编号为③,加入 12 mL 的 Fenton 试剂,编号为④;以微波 540 W 的功率处理 35 s,再加入 1.3 g 的石灰搅拌均匀,然后加入 11 mL 的 Fenton 试剂,搅拌 10~15 min,编号为⑤。在 0.04 MPa 真空压力条件下测定 SRF 并记录结果,步骤与单因素测定 SRF 一致,分别测得污泥比阻为 1.37×10^{13} m/kg、3.45×10^{12} m/kg、3.94×10^{12} m/kg、2.44×10^{12} m/kg 和 6.35×10^{11} m/kg。微波处理,投加 Fenton 试剂和石灰均对剩余污泥脱水性能的改善起到促进作用,在微波(540 W)作用时间、Fenton 试剂和石灰投加量分别为 35 s、11 mL/100 mL 和 1.0 g/100 mL 的耦合条件下达到剩余污泥脱水性能改善效果最佳，此时，SRF 为 6.35×10^{11} m/kg，这与通过 Design-Expert 8.0 所得到的结果相似。

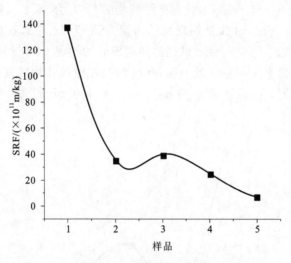

图 2-51　污泥比阻实验结果

2.2.4.2　剩余污泥颗粒形状观察

将原污泥和微波(540 W、35 s)、Fenton 试剂(11 mL/100 mL)、石灰(1.0 g/100 mL)调理后的剩余污泥分别置于光学显微镜下观察，分析其结构变化，污泥形状观察结果如图 2-52、图 2-53 所示。

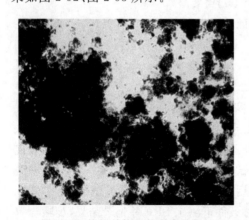
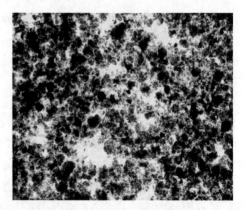

图 2-52　污泥结构形状观察结果 1　　　　　图 2-53　污泥结构形状观察结果 2

由图 2-52 可以看出，原剩余污泥所呈现的图像，污泥颗粒间结合较紧密，压缩性高，亲水性好，孔隙小，透水性能差，污泥的脱水性能较差。

图 2-53 显示,微波、石灰、Fenton 协同作用调理后的污泥较松散,有较多孔洞,污泥颗粒间吸引力较小,通水性能较强,污泥的脱水性能较好。从致密的原污泥到松散的调理后污泥的主要原因是石灰、Fenton 试剂作为氧化剂破解原剩余污泥 EPS,并且使部分微生物失活,微波的热效应和非热效应分解了剩余污泥表面的 EPS,三因素的耦合作用对剩余污泥的内、外部结构进行不断的破坏和重组,破坏其原有结构,剩余污泥表面的亲水性降低,从而使水分容易通过,污泥脱水性增强。光学显微镜的结果表明,微波(540 W、35 s)、石灰(1.0 g/100 mL)、Fenton 试剂(11 mL/100 mL)协同作用对于剩余污泥的脱水性能有明显的改善作用。

2.2.4.3　其他方法验证

(1) 剩余污泥热重结果分析。

将原污泥与微波(540 W、35 s)、石灰(1.0 g/100 mL)、Fenton 试剂(11 mL/100 mL)协同调理后的污泥在 0.04 MPa 的真空压力下抽滤至泥饼出现裂纹(真空环境被破坏)后取出。选取 6~10 g 泥饼样品送往××给排水实验室热重分析处理中心,污泥同时在 N_2 的气氛中以 10 K/min 的速率升温,通气速率为 20 mL/min 的条件下对样品进行热重分析,其结果如图 2-54 所示。

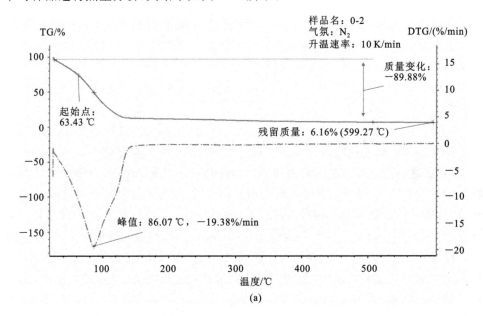

(a)

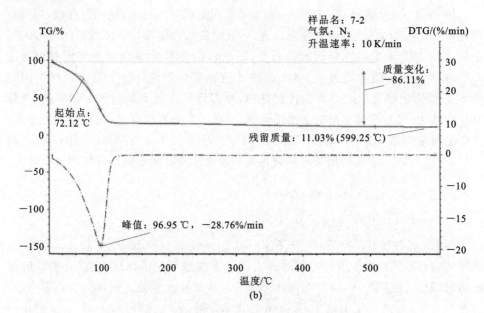

图 2-54   原污泥和处理后污泥的热重曲线结果
(a) 原污泥；(b) 处理后污泥

由图 2-54(a)可知，原剩余污泥，TG 曲线的失重段温度范围为 72.12～100 ℃，峰值温度为 96.95 ℃，对应 DTG 曲线也有一个阶段的失重峰，失重率为 28.76%/min，热解终止温度为 599.25 ℃，残留质量为 11.03%。

由图 2-54(b)可知，微波、石灰、Fenton 试剂耦合调理后的剩余污泥 TG（待测物质重量值）曲线的失重段温度范围为 63.43～100 ℃，对应 DTG（热重的微分曲线）的失重峰值温度为 86.07 ℃，失重率为 19.38%/min，该阶段的失重的主要原因是污泥内在水分的蒸发。热解终止温度为 599.27 ℃，残留质量为 6.16%。

两组结果对比可知，三因素调理后的污泥相比于未处理的剩余污泥的脱水起始温度要求较低，失重峰温度也有较为明显的降低，其原因可能是原污泥本身结构较致密，透水性能差，而调理后的污泥中石灰、Fenton 试剂的氧化作用以及微波的热效应和非热效应破坏了污泥的结构，使污泥松散度增大，脱水性能增强。因此，热重分析结果显示，微波（540 W、35 s）、石灰（1.0 g/100 mL）、Fenton 试剂（11 mL/100 mL）协同作用对剩余污泥的脱水性能有较好的改善。

(2) 剩余污泥粒径大小分析。

以××市污水处理厂的污泥以及经微波（540 W、35 s）、石灰（1.0 g/100 mL）、Fenton 试剂（11 mL/100 mL）协同调理下的污泥为研究对象，分析了污泥絮体尺寸分布情况，如图 2-55、图 2-56 所示。

结果表明，原污泥的粒径分布符合对数正态分布函数的粒度分布，从整体看

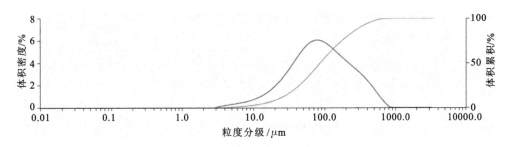

图 2-55　原污泥粒径大小分析

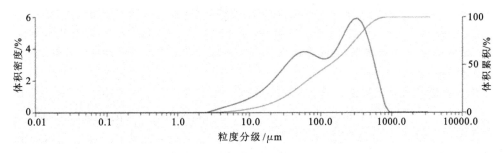

图 2-56　处理后污泥粒径大小分析

来,调理后的污泥相比原始污泥多了一个峰值,其主要原因可能是石灰、Fenton 试剂的氧化作用以及微波的热效应和非热效应破坏了污泥的结构,使污泥松散度增大,脱水性能增强,污泥的絮体破碎,形成多个小的聚集体,粒径也随之变小。因此,污泥的粒径分析结果表明,微波(540 W、35 s)、石灰(1.0 g/100 mL)、Fenton 试剂(11 mL/100 mL)协同作用对于剩余污泥的脱水性能的改善有促进作用。

2.3　结　　论

通过各个单因素实验以及 Origin 8.0 软件的应用,可以得出单因素改善剩余污泥脱水性能的最佳范围值,然后用 Design-Expert 8.0 软件,得出曲面响应优化的响应曲面图、方差分析图表以及拟合方程公式,通过实验结果结合 Mathematic 8.0 软件分析计算,可以得到三因素协同作用的最优范围值,通过泥饼含水率、SRF、CST 等基本指标来进行系统验证实验,再通过热重分析以及污泥颗粒的粒径分析来进一步验证实验结果的准确性。得到如下结论:

(1)微波、Fenton 试剂和石灰协同作用能够较明显地改善剩余污泥的脱水性能,且调理污泥的微波(540 W)最佳作用时间、Fenton 试剂和石灰投加量范围分别为 34～36 s、10.5～11.5 mL/100 mL 和 0.9～0.11 g/100 mL。

（2）二次响应曲面法建立了泥饼含水率、毛细吸水时间及污泥比阻的预测模型，模型的回归系数分别为 0.994、0.9896 和 0.9843。由此可见，曲线拟合度较好，实验误差小，可分别对微波（540 W）的作用时间，Fenton 试剂和石灰不同投加量下的泥饼含水率、毛细吸水时间（CST）和污泥比阻（SRF）进行预测。

（3）在系统验证方案中，确定在微波作用时间、Fenton 试剂和石灰投加量分别为 35 s、11 mL/100 mL 和 1.0 g/100 mL 条件下进行验证实验，测定其泥饼含水率、CST 以及 SRF。通过实验得到的结果为：泥饼含水率为（55.73±0.72）％，CST 为（10.9±0.2）s，SRF 为 $6.35×10^{11}$ m/kg。

（4）污泥颗粒形状光学显微镜观察结果表明，石灰（1.0 g/100 mL）、Fenton 试剂（11 mL/100 mL）及微波（540 W、35 s）作用后，污泥的内、外部结构不断地被改造，破坏其原有结构，剩余污泥表面的亲水性降低，从而使水分容易通过，污泥脱水性增强。

（5）热重分析曲线显示，原剩余污泥相比较微波（540 W、35 s）、石灰（1.0 g/100 mL）和 Fenton 试剂（11 mL/100 mL）调理后的污泥的脱水起始温度和失重峰温度明显后滞，是因为石灰、Fenton 试剂的氧化作用以及微波的热效应和非热效应破坏了污泥的结构，使污泥松散度增大，脱水性能增强。

（6）粒径分析结果显示，微波（540 W、35 s）、石灰（1.0 g/100 mL）和 Fenton 试剂（11 mL/100 mL）调理后的污泥相比原始污泥多了一个峰值，其主要原因可能是石灰、Fenton 试剂的氧化作用以及微波的热效应和非热效应破坏了污泥的结构，使污泥松散度增大，脱水性能增强，污泥的絮体破碎，形成多个小的聚集体，粒径也随之变小。

参考文献

［1］ Zhang J Z,Yue Q Y,Xia C,et al. The study of Na_2SiO_3 as conditioner used to deep dewater the urban sewage dewatered sludge by filter press[J]. Separation and Purification Technology，2017,174:331-337.

［2］ Liu X,Shi J,Zhao Y,et al. Experimental research on lime drying process of mechanical dewatered sludge from a wastewater treatment plant in Beijing[J].Procedia Environmental Sciences，2012,16:335-339.

［3］ Lu L,Pan Z,Hao N,et al. A novel acrylamide-free flocculant and its application for sludge dewatering[J].Water Research,2014,57:304-312.

［4］ 曹仲宏,王秀朵.城市污水处理厂污泥处理处置方案的选择[J].中国给

水排水,2013,29(2):13-15.

[5]　张强,邢智炜,刘欢.不同深度脱水污泥的热解特性及动力学分析[J].环境化学,2013,32(5):839-846.

[6]　王鹏.环境微波化学技术[M].北京:化学工业出版社,2003.

[7]　Tang B,Feng X F,Huang S S,et al. Variation in rheological characteristics and microcosmic composition of the sewage sludge after microwave irradiation[J]. Journal of Cleaner Production,2017,148:537-544.

[8]　李延吉,李润东,冯磊,等.基于微波辐射研究城市污水污泥脱水特性[J].环境科学研究,2009,22(05):544-548.

[9]　Idris A,Khalid K,Omar W. Drying of silica sludge using microwaveheating[J]. Applied Thermal Engineering,2004,24 (5-6):905-918.

[10]　Dai Y K,Huang S S,Liang J L,et al. Role of organic compounds from different EPS fractions and their effect on sludge dewaterability by combining anaerobically mesophilic digestion pre-treatment and Fenton's reagent/lime[J]. Chemical Engineering Journal, 2017,321:123-138.

[11]　Tony M A,Zhao Y Q,Fu J F,et al. Conditioning of aluminium-based water treatment sludge with Fenton's reagent:Effectiveness and optimising study to improve dewaterability[J]. Chemosphere,2008,72(4):673-677.

[12]　Tony M A,Zhao Y Q,Tayeb A M. Exploitation of Fenton and Fenton-like reagents as alternative conditioners for alum sludgeconditioning[J]. Journal of Environmental Sciences,2009,21(1):101-105.

[13]　洪晨,邢奕,司艳晓,等.芬顿试剂氧化对污泥脱水性能的影响[J].环境科学研究,2014,27(06):615-622.

[14]　Buyukkamaci N. Biological sludge conditioning by Fenton's reagent[J]. Process Biochem,2004,39(11):1503-1506.

[15]　Li X Y,Yang S F. Influence of loosely bound extracellular polymeric Substances (EPS) on the flocculation,sedimentation and dewaterability of activated sludge[J]. Water Research,2007,41(5):1022-1030.

[16]　Dewil R,Baeyens J,Neyens E. Fenton peroxidation improvesthe drying performance of waste activated sludge[J]. Hazard Mater,2005,177(2-3):161-170.

[17]　Beauchesne I,Cheikh R B,Mercier G,et al. Chemical treatment of sludge:in-depth study on toxic metal removal efficiency,dewatering ability and fertilizing property[J]. Water Research,2007,41(9):2028-3038.

［18］　温超,曹珊珊,蒋雪,等.微波法处理污泥的研究进展[J].广州化工,2016,44(03):8-10.

［19］　傅大放,蔡明元.污水厂污泥微波处理试验研究[J].中国给水排水,1999,15(6):56-57.

［20］　王立军,聂广正,李森,等.Fenton试剂法在垃圾渗滤液深度处理中的应用[J].长春工程学院学报:自然科学版,2006(02):37-39.

［21］　谢畅,陈燕波,周丽丽,等.污泥化学法脱水工艺研究[J].企业技术开发,2011,30(03):37-39.

［22］　冯凯,黄鸥.石灰调质与石灰干化工艺在污泥脱水中的应用[J].给水排水,2011,47(05):7-10.

［23］　Montgomery D C. Design and analysis of experiments[M]. 3 rd. New York: John Wiley and Sons,1991.

［24］　邢奕,王志强,洪晨,等.基于RSM模型对污泥联合调理的参数优化[J].中国环境科学,2014,34(11):2866-2873.

［25］　肖静,高艳娇.低碳氮比条件对活性污泥粒径分布的影响[J].科学技术与工程,2016,16(22):265-268.

3 热 Fenton 协同 PAM 改善污泥脱水性能研究

3.1 实验仪器与材料

3.1.1 实验材料

实验所需的污泥样品取自××市污水处理厂回流剩余污泥。样品取回实验室后放于室温下静置 36 h,待其稳定后去除上清液,浓缩后的污泥含水率为 97% 左右。实验所用药品有 Fenton 试剂和 PAM 试剂,Fenton 试剂易氧化,通常现用现配;PAM 是一种高分子絮凝剂,有极强的絮凝作用。

实验所需污泥的性质见表 3-1。

表 3-1　　　　　　　　　　　　　　实验污泥性质

参数	数值
含水率/%	97.76
SRF/(m/kg)	1.10818×10^7
CST/s	77.8
pH 值	7~8
黏度/(mPa·s)	465
沉降率/%	46.3
浊度/NTU	306

3.1.2　实验所需仪器

实验所用仪器见表 3-2。

表 3-2　　　　　　　　　　　　　实验所用仪器

测定项目	仪器名称	型号
污泥比阻	污泥比阻实验装置	QBP347
污泥含水率	卤素水分测定仪	XY-102MW
污泥离心沉降比	电动离心机	80-2
污泥黏度	旋转黏度计	SNB-1
毛细吸水时间	卤素水分测定仪	DP13542
泥饼干重	1000 ℃箱式马弗炉	KXX
污泥热重分析	热重分析仪	NETZSCH STA449F3
粒径分析	超高速智能粒度分析	Mastersizer 3000

3.1.3　实验过程

RSM 方法主要分 4 个过程,分别为准备过程、单因素实验过程、多因素实验过程及验证实验过程。

准备过程:实验样本、实验药品与实验仪器的准备,实验计划编制。

单因素实验确定最佳范围值:单因素影响污泥脱水性能因素分别为热解温度、Fenton 试剂、PAM 试剂。实验过程中,热处理污泥时采用的是常压热水解,分别控制温度变化及 Fenton 和 PAM 的投加量,确定单一因素对污泥脱水性能影响的最佳范围值。通过实验确定的单因素的最佳范围值,由软件 Origin 8.0 对单因素结果进行作图分析。

多因素协同最佳实验值的确定:将单因素确定的三个最佳范围值输入 Design-Expert 8.0 软件,再通过其中的 Box-Behnken 程序生成 17 组实验方案,然后分别按实验方案做实验,得出相应实验结果。将 17 组实验结果输入 Design-Expert 8.0 中,然后生成拟合方程,并进行方差分析和响应曲面优化分析。

最佳实验值验证方法包括泥饼含水率结果验证、CST 结果验证、污泥热重分析和污泥粒径分析。

3.1.4 评价指标测定

3.1.4.1 污泥比阻(SRF)的测定

污泥比阻是污泥脱水性能评价指标之一,污泥比阻愈大,过滤性能愈差。实验方法为取 100 mL 污泥倒入漏斗中,开启真空泵,调节压力到 0.04 MPa,按下秒表,记录量筒中的滤液体积 V_0(mL)。每隔 15 s 或 20 s(滤速减慢后可每隔 30 s 或 60 s)记下量筒内相应的滤液量,直到过滤至真空破坏时停止,如果在 20 min 内真空还未破坏,实验即可停止。

在一定的真空压力下抽滤,城市污泥的 t/v 与 v 呈正比关系,求出斜率 b。再利用式(1-3)求出剩余污泥比阻 SRF。

3.1.4.2 毛细吸水时间(CST)测定

毛细吸水时间(CST)也是表示污泥脱水性能的一个指标,具有简单、快速的特点,CST 愈小,污泥的脱水性能愈好。实验方法为将调理后的污泥加入 CST 测定仪中,开启 CST 测定仪点击测试,当出现第一声蜂鸣开始计时,出现第二声蜂鸣计时停止。两段蜂鸣时间之差即为所测 CST。

3.1.4.3 泥饼含水率的测定

泥饼含水率的测定,取 100 mL 调理后的污泥倒入漏斗中抽滤,工作压力为 0.04 MPa 的真空度下抽滤,待漏斗中污泥开裂即停止抽滤,取出泥饼,并选取 4～6 g 用卤素水分测定仪测其含水率,记录数据。

3.1.4.4 离心沉降率、上清液浊度测定

离心沉降的基本原理是由于混悬液体中各物质由于密度不同而会在重力作用下发生沉降分离。实验方法为将 10 mL 调理后的污泥放入离心管中,并在离心管套的保护下放入离心机内,在 5000 r/min 的转速下,离心 40 s。离心结束,用胶头滴管取出上清液并读取其体积,计算离心沉降率;离心后的上清液浊度用浊度仪测其大小。

3.1.4.5 热重分析(TG-DTG)

热重分析是指在程序控制温度下测量待测样品的质量损失与温度变化关系的一种热分析技术,用来研究材料的热稳定性变化情况。在本次实验中用来测量污泥的质量随温度变化的关系,分别取恒温 65 ℃、Fenton 试剂(0.11 mL/mL)和

PAM(0.03 mg/mL)联合处理后的剩余污泥和未经处理的原污泥各 5 g,自然风干后进行热重(TG-DTG)分析。

3.1.4.6　粒径颗粒分析

利用 Mastersizer 3000(马尔文激光粒度仪 3000)测定污泥粒度分布。本实验进行粒度分析时污泥样本的制备过程如下:取 100 mL 未经处理的原污泥进行抽滤制备成泥饼,含水率需低于 80%,取 5～10 g;再取 100 mL 原污泥放入恒温加热器中,在 65 ℃条件下处理 30 min,加入 0.11 mL 的 Fenton 试剂,搅拌均匀,反应 1 h,再加入 0.03 mg PAM,搅拌均匀后进行抽滤,抽滤制备成泥饼,含水率同样需要低于 80%,取 5～10 g。

3.2　结果与讨论

3.2.1　单因素实验

3.2.1.1　热解改善污泥脱水性能

本实验采用常压热水解,热解温度范围为 40～90 ℃。热水解作用对剩余污泥脱水性能改善的影响如图 3-1～图 3-3 所示。

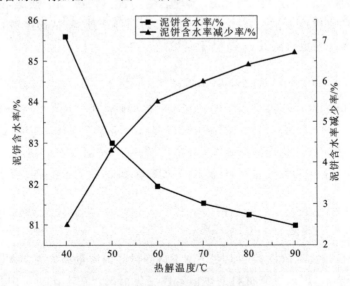

图 3-1　热解温度对泥饼含水率的影响

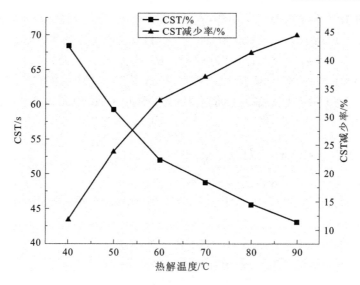

图 3-2 热解温度对污泥 CST 的影响

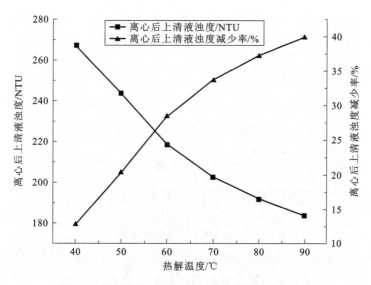

图 3-3 热解温度对污泥离心后上清液浊度的影响

热水解可以使污泥絮状体解体、内部及表面的胞外聚合物（EPS）溶解。当热解温度低于 100 ℃时，污泥絮体受热解体，释放间隙水，成为游离水，更易于被脱除。由于热水解有两种，分别为高温热水解和低温热水解，考虑实际应用中加热过程的能耗问题，故本实验不再对高于 100 ℃时的情况进行探索。常压热水解的反应时间通常为 30～90 min，本实验选择恒温 30 min，污泥样品体积取 100 mL。

由图 3-1～图 3-3 可以看出，泥饼含水率、CST、离心沉降比和离心后上清液浊度随着温度升高有明显的下降趋势,在 60 ℃左右时,上升的幅度明显减少。当热解温度达到 60 ℃时,含水率降低到 81.95%,相较于原污泥的泥饼含水率 86.76% 降低了 4.81%;污泥的 CST 由原污泥的 77.8 s 降至 52.1 s,降低了 25.7 s;污泥的浊度由原污泥的 306 NTU 降至 227 NTU,降低了 79 NTU。通过以上数据分析发现,常压热水解对改善污泥脱水性能有比较明显的作用,60 ℃左右的处理效果相对于 90 ℃而言差异较小,考虑节约能源的问题,热解温度取 60 ℃左右。

3.2.1.2　Fenton 试剂改善污泥脱水性能

Fenton 试剂是一种绿色的强氧化剂,对于破解污泥,改善其脱水性,沉降性有重要作用。本次实验中 Fe^{2+} 和 H_2O_2 以 1∶1 的比例混合成 Fenton 试剂,污泥样品体积取 100 mL。

Fenton 试剂对剩余脱水性能改善的影响如图 3-4～图 3-6 所示。

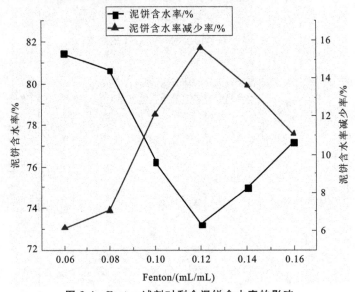

图 3-4　Fenton 试剂对剩余泥饼含水率的影响

由图 3-4～图 3-6 可以看出,Fenton 试剂在 0.12 mL/mL 时泥饼含水率、CST、离心后上清液浊度有明显的极小值点,此时,泥饼含水率为 73.21%,相较于原污泥的泥饼含水率 86.76% 降低了 13.55%;污泥的 CST 由原污泥的 77.8 s 降至 15.5 s,降低了 62.3 s;污泥的浊度由原污泥的 306 NTU 降至 58 NTU,降低了 248 NTU。通过以上数据分析发现,Fenton 试剂能有效改善污泥的脱水性能,且反应时间短。当 Fenton 试剂的投加量大于 0.12 mL/mL 时,污泥的泥饼含水率出现回升现象,且含水率、浊度都相应出现回升的现象,这说明 Fenton 试剂在一定范围内可以改善污泥的脱水性能,当超过或低于这个范围,处理效果不太明显。郇汇源等的研究结果显示,当 Fe^{2+} 为 4 g/L、H_2O_2 为 6 g/L 时,处理效果明显,与本实

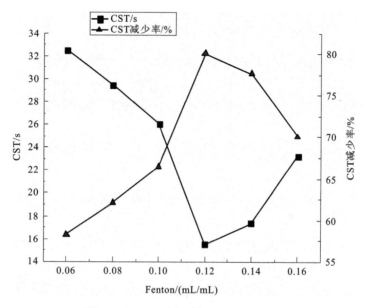

图 3-5　Fenton 试剂对污泥 CST 的影响

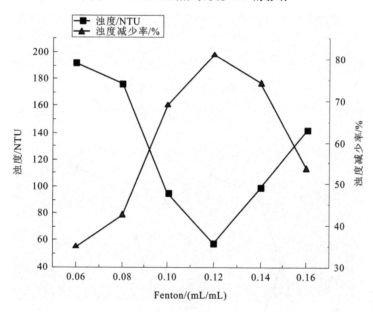

图 3-6　Fenton 试剂对上清液浊度的影响

验结果有差异,可能是反应条件不同所致。前期关于 Fenton 试剂改善污泥脱水性能的研究表明,Fe^{2+} 和 H_2O_2 的比例不同对改善污泥脱水性能有很大的影响。本次实验结果只针对 1∶1 这个比例关系,在这个比例关系下,Fenton 试剂投加量在 0.12 mL/mL 左右时,对于改善城市剩余污泥脱水性能有明显效果。

3.2.1.3 PAM 改善污泥脱水性能

PAM 作用对剩余污泥脱水性能的改善如图 3-7～图 3-9 所示。

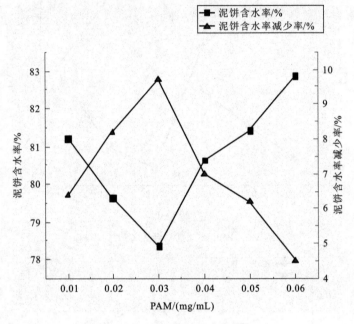

图 3-7　PAM 试剂对泥饼含水率的影响

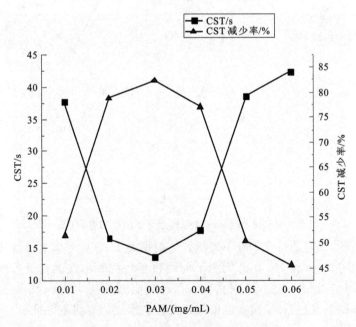

图 3-8　PAM 试剂对污泥 CST 的影响

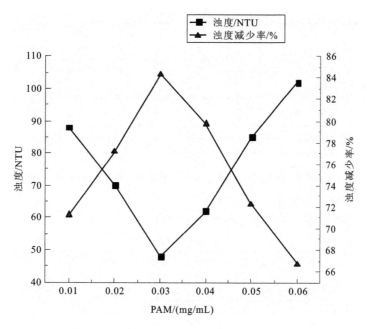

图 3-9　PAM 试剂对污泥上清液浊度的影响

PAM 是一种广泛使用的高分子絮凝剂,有着极强的絮凝作用。由图可以清晰地观察到泥饼含水率、CST 及离心后上清液浊度随着 PAM 试剂投加量增加有明显的下降趋势,当投加量在 0.03 mg/mL 时,出现明显的极小点,且在 0.03 mg/mL 以后出现回升现象。当 PAM 投加量在 0.03 mg/mL 左右时,泥饼含水率降低到 78.36%,相较于原泥饼含水率的 86.76% 降低了 8.4%;污泥的 CST 由原污泥的 77.8 s 降至 13.7 s,降低了 64.1 s;污泥的上清液浊度由原污泥的 306 NTU 降至 48 NTU,减少了 258 NTU。通过以上分析发现,PAM 试剂投加量在 0.03 mg/mL 左右对城市剩余污泥脱水性能改善有明显效果,但随着投加量的继续增加,含水率出现上升趋势,这说明 PAM 在一定范围内对改善污泥性能有明显效果,PAM 的敏化作用和水化作用这一对矛盾体在起作用。

3.2.2　三因素模型方差分析

单因素实验中确定了热解温度的最佳范围值为 40～90 ℃,Fenton 试剂的最佳范围值为 0.06～0.16 mL/mL,PAM 试剂的最佳范围值为 0.01～0.03 mg/mL,将这三个范围值输入 RSM 的 Design-Expert 8.0 软件中,通过 Box-Behnken 实验方案,设计得到三因素耦合的试验方案结果。本实验根据初始实验及单因素实验结果,对单因素的最佳范围值进行编码。具体变量及编码如表 3-3 所示。

表 3-3   变量水平及编码

因素	代码		编码水平		
	真实值	编码值	−1	0	1
A：热解温度/℃	ε_1	X_1	40	65	90
B：Fenton 试剂投加量/(mL/mL)	ε_2	X_2	0.06	0.11	0.16
C：PAM 投加量(mg/mL)	ε_3	X_3	0.01	0.03	0.05

选用处理后污泥的脱水性能指标泥饼含水率、CST 作为响应量，总共生成设计实验 17 组，分别做实验，得出试验结果。

具体 RSM 实验设计及试验结果见表 3-4。

表 3-4   RSM 设计及实验结果

编号	编码值			泥饼含水率/%		CST/s	
	X_1	X_2	X_3	真实值	预测值	真实值	预测值
1	1	0	1	76.9	76.563	37.1	37.937
2	0	−1	1	78.5	77.588	40	39.812
3	1	1	0	74.9	75.625	36	36.375
4	0	0	0	72	72.04	15.5	15.56
5	0	0	0	72.6	72.04	15.3	15.56
6	0	0	0	71.4	72.04	16	15.56
7	1	0	−1	77.2	75.563	38.8	38.237
8	0	0	−1	76.9	77.813	38.4	38.587
9	−1	0	0	78.5	78.838	39.7	38.862
10	1	−1	0	74.6	75.85	38.4	37.75
11	0	−1	−1	76.2	76.588	39.2	40.412
12	−1	−1	0	78.4	77.675	38.9	38.525
13	−1	1	0	79.9	78.65	34.2	34.85
14	0	1	1	77.5	77.113	37.8	36.587
15	−1	0	1	76.5	78.137	36	36.562
16	0	0	0	73.1	72.04	15.7	15.56
17	0	0	0	71.1	72.04	15.3	15.56

3.2.2.1　泥饼含水率模型方差分析

泥饼含水率的多元二次回归方程模型为：

$$WC = 107.94 - 0.56X_1 - 183.94X_2 - 421.75X_3 - 0.24X_1X_2 + 0.85X_1X_3 - 425X_2X_3 + 3.93 \times 10^{-3}X_1^2 + 982X_2^2 + 6950X_3^2 \tag{3-1}$$

使用 Design-Expert 8.0 软件，对回归方程进行方差分析，分析结果见表 3-5。

表 3-5　　　　　泥饼含水率回归方程模型的方差分析

来源	平方和	自由度	均方	F	P(Prob>F)	
	SS	DF	MS			
模型	106.94	9	11.88	5.75	0.0155	显著
X_1	0.37	1	0.37	0.18	0.6835	
X_2	25.39	1	25.39	12.29	0.0099	
X_3	0.72	1	0.72	0.35	0.5732	
X_1X_2	0.36	1	0.36	0.17	0.6889	
X_1X_3	0.72	1	0.72	0.35	0.5729	
X_2X_3	0.72	1	0.72	0.35	0.5729	
X_1^2	25.38	1	25.38	12.28	0.0099	
X_2^2	25.38	1	25.38	12.28	0.0099	
X_3^2	32.54	1	32.54	15.75	0.0054	
残差	14.46	7	2.07			
拟合不足	11.73	3	3.91	5.73	0.0625	不显著
误差	2.73	4	0.68			
总误差	121.4	16				

注：P 为拒绝假设概率；回归系数 $R^2 = 0.9775$，校正系数 $R_{adj}^2 = 0.91$。

由方程式(3-2)的各项系数之间的变化可知，方程的抛物面开口向上，具有极小值点，能够找到最佳值点，因此可以进行最优值分析。其中，F 值和 P 值说明模型的显著性，$F > F_{0.01}$ 或 $P < 0.01$ 表示因素对实验指标有非常显著影响，$F_{0.05} < F \leq 0.01$ 或 $0.01 < P \leq 0.1$ 表示因素对实验指标有显著影响，否则说明因素对实验指标无显著影响。其中，二次回归方程模型的 F 值为 5.75，模型的 P 值为0.0155，说明模型适应性显著。模型校正系数 R_{adj}^2 为 0.91，说明该模型可以解释 91% 的响

应值变化，其中 9% 不能用该模型解释。模型的回归系数用 R^2 表示，R^2 越接近 1，说明模型拟合性越好，否则说明模型对数据的拟合越差。该模型中，R^2 为 0.9775，因此模型的拟合度良好，可以对热解温度、Fenton 试剂联合 PAM 试剂调理污泥的不同投加量条件下的泥饼含水率进行预测。

图 3-10 为泥饼含水率真实值和预测值的对比，由图及以上方差分析可知该模型可以代替真实测量。

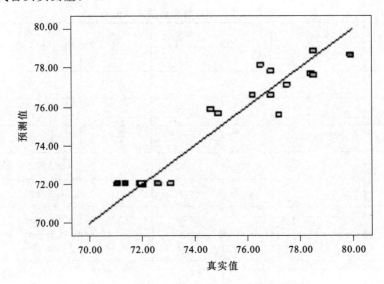

图 3-10　泥饼含水率的真实值和预测值的对比

3.2.2.2　CST 模型方差分析

CST 的多元二次回归方程模型为：

$$CST = 172.97837 - 2.19106X_1 - 1024.31X_2 - 1882.625X_3 + 0.46X_1X_2 +$$
$$1.00X_1X_3 - 350X_2X_3 + 0.016X_1^2 + 4453X_2^2 + 30393.75X_3^2 \quad (3-2)$$

使用 Design-Expert 8.0 软件，对回归方程进行方差分析，分析结果见表 3-6。

表 3-6　　　　　　　　　　　　**CST 回归方程模型的方差分析**

来源	平方和	自由度	均方	F	$P(\text{Prob}>F)$	
	SS	DF	MS			
模型	1784.53	9	198.28	212.73	<0.0001	显著
X_1	1.33	1	1.33	1.42	0.2718	
X_2	521.55	1	521.55	559.56	<0.0001	

来源	平方和	自由度	均方	F	P(Prob>F)	
	SS	DF	MS			
X_3	0.50	1	0.50	0.53	0.4884	
$X_1 X_2$	1.32	1	1.32	1.42	0.2724	
$X_1 X_3$	1.00	1	1.00	1.07	0.3347	
$X_2 X_3$	0.49	1	0.49	0.53	0.4919	
X_1^2	436.56	1	436.56	468.38	<0.0001	
X_2^2	521.82	1	521.82	559.85	<0.0001	
X_3^2	622.34	1	622.34	667.69	<0.0001	
残差	6.52	7	0.93			
拟合不足	6.17	3	2.06	23.38	0.0054	显著
误差	0.35	4	0.088			
总误差	1791.06	16				

注:回归系数 $R^2 = 0.9998$,校正系数 $R_{adj}^2 = 0.9992$。

　　由方程式(3-3)的各项系数之间的变化可知,方程式的抛物面开口向上,具有极小值点,能够找到最佳值点,因此可以进行最优值分析。其中,F 值和 P 值说明模型的显著性,$F > F_{0.01}$ 或 $P < 0.01$ 表示因素对实验指标有非常显著影响,$F_{0.05} < F \leqslant 0.01$ 或 $0.01 < P \leqslant 0.1$ 表示因素对实验指标有显著影响,否则说明因素对实验指标无显著影响。其中,二次回归方程模型的 F 值为 212.73,模型的 $P < 0.0001$,说明模型适应性显著。模型校正系数 R_{adj}^2 为 0.9992,说明该模型可以解释99.92%的响应值变化,其中 0.08% 不能用该模型解释。模型的回归系数用 R^2 表示,R^2 越大,说明模型对数据的拟合越好,否则说明模型对数据的拟合越差。该模型中,R^2 为 0.9998,因此模型的拟合性良好,可以对热解温度、Fenton 试剂联合 PAM 试剂调理污泥的不同投加量条件下的 CST 进行预测。

　　图 3-11 为泥饼含水率真实值和预测值的对比,由图及以上方差分析可知该模型可以代替真实测量。

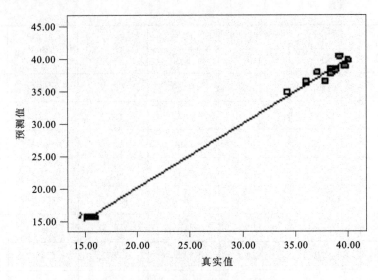

图 3-11 CST 的真实值和预测值的对比

3.2.3 响应曲面图与参数优化

响应面和等高线显示的是各因素之间的交互效应，通过对表 3-4 数据拟合，得到的二次回归方程的响应曲面及其等高线图。

3.2.3.1 泥饼含水率响应曲面图与参数优化

泥饼含水率的等高线图与响应曲面图见图 3-12～图 3-17。

图 3-12、图 3-13 为 PAM 试剂为 0.03 mg/mL 时，热解温度和 Fenton 试剂投加量交互作用对泥饼含水率的影响。在一定的范围内，Fenton 试剂投加量增加，泥饼含水率降低，继续投加，泥饼含水率反而呈现上升趋势。由图 3-14、图 3-15 也能清晰地看出泥饼含水率随热解温度的增加呈先降低后上升的趋势。当 Fenton 试剂投加量在 0.10～0.12 mL/mL、热解温度在 60～70 ℃时，泥饼含水率较低。

图 3-14、图 3-15 显示 Fenton 试剂为 0.11 mL/mL 时，热解温度和 PAM 试剂投加量交互影响对泥饼含水率的影响。在一定范围内，泥饼含水率随热解温度的增加呈先降低后上升的趋势，同时观察到 PAM 试剂投加量增加，泥饼含水率降低，继续投加泥饼含水率反而呈现上升趋势。当 PAM 试剂投加量在 0.02～0.04 mg/mL、热解温度在 60～70 ℃的作用范围内泥饼含水率较低。

图 3-16、图 3-17 显示热解温度在 65 ℃时，PAM 试剂和 Fenton 试剂投加量交互影响对泥饼含水率的影响。在一定范围内，泥饼含水率随 Fenton 试剂投加量的增加呈先降低后增加的趋势，同时观察到 PAM 试剂增加，泥饼含水率上升，继续投加时，泥饼含水率反而降低。当 PAM 试剂投加量在 0.02～0.04 mg/mL、

Fenton试剂投加量在0.10~0.12 mL/mL时,泥饼含水率较低。因此,热解温度、PAM试剂和Fenton试剂投加量存在最佳值使泥饼含水率最小。

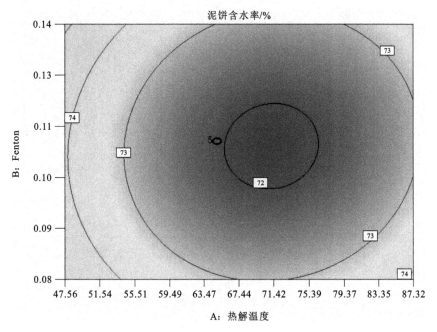

图 3-12　Fenton试剂和热解温度交互影响泥饼含水率的等高线图

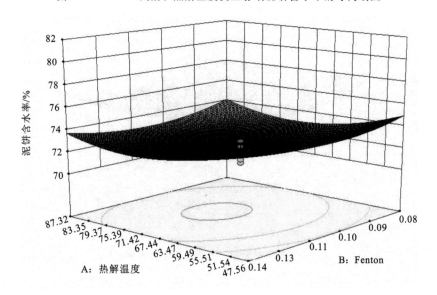

图 3-13　Fenton试剂和热解温度交互影响泥饼含水率的响应曲面图

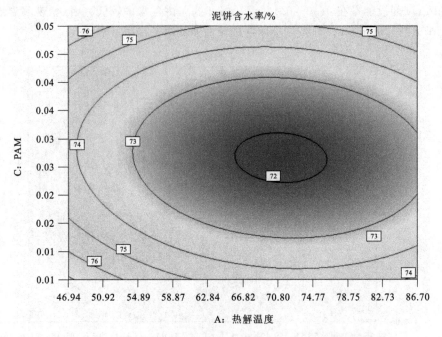

图 3-14　PAM 试剂和热解温度交互影响泥饼含水率的等高线图

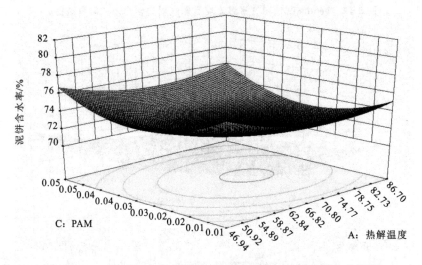

图 3-15　PAM 试剂和热解温度交互影响泥饼含水率的响应曲面图

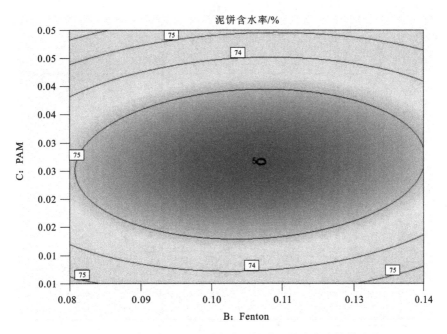

图 3-16 PAM 试剂和 Fenton 试剂交互影响泥饼含水率的等高线图

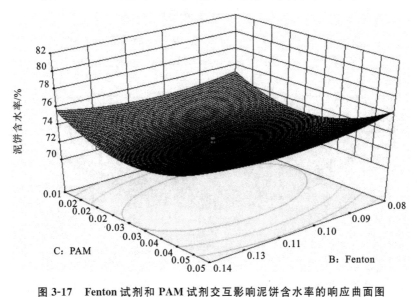

图 3-17 Fenton 试剂和 PAM 试剂交互影响泥饼含水率的响应曲面图

3.2.3.2 CST 响应曲面图与参数优化

CST 响应曲面等高线图与响应曲面图见图 3-18～图 3-23。

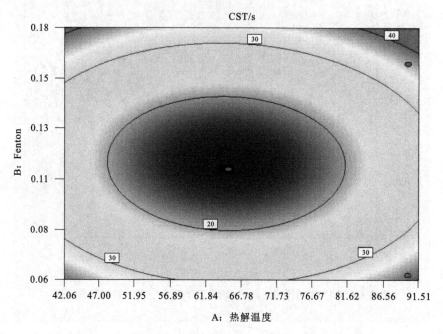

图 3-18　热解温度和 Fenton 试剂交互影响 CST 的等高线图

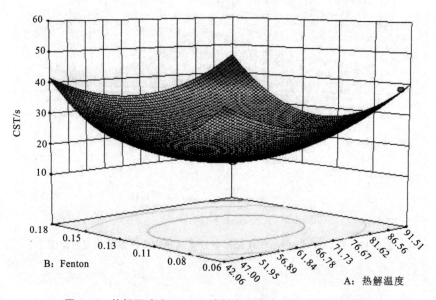

图 3-19　热解温度和 Fenton 试剂交互影响 CST 的响应曲面图

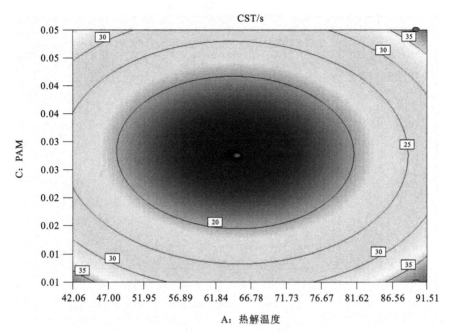

图 3-20　热解温度和 PAM 试剂交互影响 CST 的等高线图

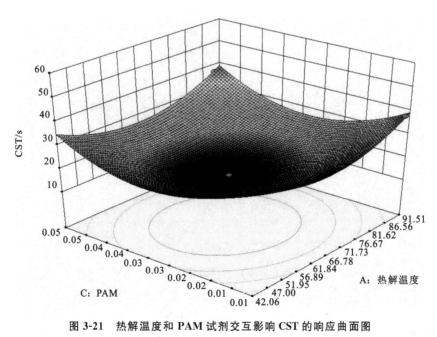

图 3-21　热解温度和 PAM 试剂交互影响 CST 的响应曲面图

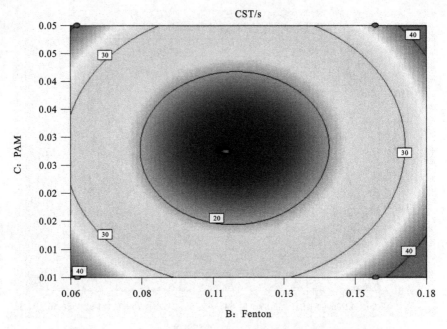

图 3-22　PAM 试剂和 Fenton 试剂交互影响 CST 的等高线图

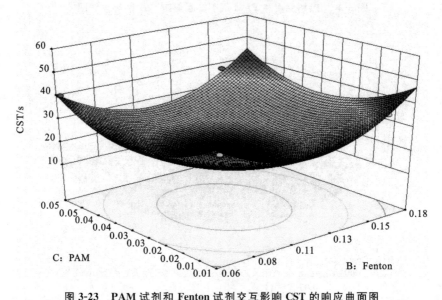

图 3-23　PAM 试剂和 Fenton 试剂交互影响 CST 的响应曲面图

图 3-18、图 3-19 是 PAM 为 0.03 mg/mL 时，热解温度和 Fenton 试剂投加量交互影响对污泥 CST 的影响。在一定的范围内，CST 随 Fenton 试剂投加量的增加呈先降低后增加的趋势。当 Fenton 试剂投加量在 0.10～0.12 mL/mL、热解温

度在 60～70 ℃时,污泥 CST 较低。

图 3-20、图 3-21 是 Fenton 试剂在 0.11 mL/mL 时,热解温度和 PAM 试剂投加量交互影响对污泥 CST 的影响。在一定范围内,污泥 CST 随热解温度的增加呈先降低后上升的趋势,同时观察到污泥 CST 随 PAM 试剂投加量的增加呈先降低后上升的趋势。当 PAM 试剂投加量在 0.02～0.04 mg/mL、热解温度在 60～70 ℃的作用范围内 CST 较低。

图 3-22、图 3-23 是热解温度在 65 ℃时,PAM 试剂和 Fenton 试剂投加量交互影响对污泥 CST 的影响。在一定范围内,污泥 CST 随 Fenton 试剂投加量的增加呈先降低后增加的趋势,同时观察到污泥 CST 随 PAM 试剂投加量的增加呈先降低后上升的趋势。当 PAM 试剂投加量在 0.02～0.04 mg/mL、Fenton 试剂投加量在 0.10～0.12 mL/mL 时泥饼含水率较低。

通过 Mathematica 8.0 计算出泥饼含水率的回归方程,解出模型方程参数变量,泥饼含水率取得最小值为 71%,再将变量代入离心沉降比模型方程,求出 CST 的最小值为 15.5 s。考虑到实际使用过程中的经济效益和处理效果,最终取热解温度、Fenton 试剂和 PAM 试剂投加量的最佳值分别为 65 ℃、0.11 mL/mL 和 0.03 mg/mL。

3.2.4 最优值验证

3.2.4.1 泥饼含水率结果验证

为考察响应曲面模型方程最优条件的准确性和实用性,在热解温度、Fenton 试剂和 PAM 试剂投加量分别为 65 ℃、0.11 mL/mL、0.03 mg/mL 条件下进行验证实验。此时通过实验得到的数据结果为:泥饼含水率为 $(72±1.1)\%$,与模型预测值基本吻合。

3.2.4.2 污泥毛细吸水时间(CST)结果验证

试验测定并分析单因素处理后的污泥与热解温度、Fenton 试剂协同 PAM 试剂处理后的污泥以及原污泥的 CST,有利于进一步确定污泥脱水的最佳条件。实验中取 5 个装有 100 mL 原污泥的烧杯,对其进行编号,分别为样品 1、样品 2、样品 3、样品 4、样品 5。其中,样品 1,不做任何处理;样品 2,放入恒温加热器中,在 65 ℃条件下处理 30 min;样品 3,加入 0.11 mL Fenton 试剂,搅拌均匀,反应时间为 1 h;样品 4,加入 0.03 mg PAM 试剂,搅拌均匀;样品 5,先放入恒温加热器中,在 65 ℃条件下处理 30 min,加入 0.11 mL Fenton 试剂,搅拌均匀,反应 1 h,再加入 0.03 mg PAM 试剂,搅拌均匀。将 5 个样品,进行 CST 测定。

CST 验证实验测定结果如图 3-24 所示。

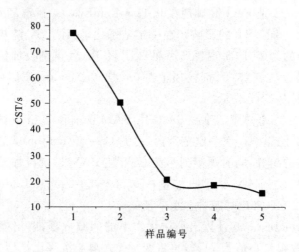

图 3-24　CST 验证实验测定结果

由图 3-24 可以看出,样品 1 的 CST 为 77.8 s,样品 2 的 CST 为 50.5 s,样品 3 的 CST 为 20.8 s,样品 4 的 CST 为 18.4 s,样品 5 的 CST 为 15.5 s。CST 越低,说明污泥的脱水性能越好。实验结果表明,城市剩余污泥在热解温度为 65 ℃、Fenton 试剂投加量为 0.11 mL/mL、PAM 试剂投加量为 0.03 mg/mL 时 CST 的值最佳,为 15.5 s。

3.2.4.3　污泥热重结果分析

经热解温度 65 ℃、Fenton 试剂(0.11 mL/mL)和 PAM 试剂(0.03 mg/mL)联合处理后的剩余污泥和未经处理的原污泥进行热重分析,热重分析应在升温速率为 10 K/min、通气速率为 20 mL/min 的条件下进行。

热重分析结果见图 3-25。

原污泥的起始脱水温度和热重峰温度前移,而经热解温度 65 ℃（作用时间 30 min)、0.11 mL/mL Fenton 试剂（反应时间 1 h）及 0.03 mg/mL PAM 试剂处理后,其起始脱水温度和热重峰温度出现略微后移。李洋洋等研究发现,未处理的干污泥出现两个失重峰,本实验两份污泥样本均只有一个失重峰,有略微差异。其原因可能为在 480 ℃ 范围内,本实验中的污泥样本难挥发分含量低,所占总体比重小。本实验中三因素协同后的污泥在 90 ℃ 左右出现失重峰,表明热解温度（65 ℃)、Fenton 试剂(0.11 mL/mL）及 PAM 试剂(0.03 mg/mL)协同作用可以更好地改善污泥的脱水性能。

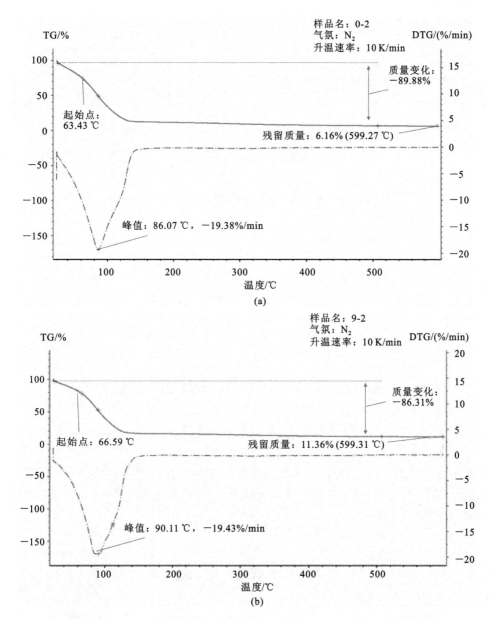

图 3-25 原污泥和热解温度、Fenton 试剂协同 PAM 试剂处理后的污泥热重曲线

(a)原污泥;(b)调理后污泥

3.2.4.4 污泥粒径颗粒分析

经热解温度 65 ℃、Fenton 试剂(0.11 mL/mL)和 PAM 试剂(0.03 mg/mL)联合处理后的城市剩余污泥和未经处理的原污泥进行粒径分析,粒径的频率分布

和累积分布如图 3-26和图 3-27 所示。

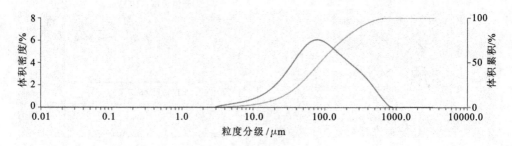

图 3-26　原污泥粒径颗粒分析

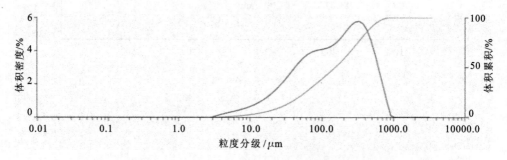

图 3-27　热解温度、Fenton 试剂协同 PAM 试剂处理后的污泥粒径分析

原污泥中颗粒平均粒径在 90 μm 时所占比例最大，体积累积在 75% 左右；三因素协同处理后的颗粒平均粒径在 400 μm 时所占比例最大，体积累积接近 100%。张翠雅等研究发现 90% 的污泥粒径均低于 300 μm。这与本实验中原污泥的粒径性质接近，三因素协同处理后污泥颗粒粒径明显增大，处理效果明显，可以清晰地观察到污泥颗粒经处理后粒径明显增大，污泥结构紧实，更利于污泥的沉降分离，改善其脱水性能。

3.3　结　　论

本实验利用曲面响应优化 RSM 方法，对××市污水处理厂的剩余污泥进行脱水性能参数优化实验，通过软件 Origin 8.0 对单因素实验范围值进行分析，确定单因素的最佳范围值，将单因素的最佳范围值输入 Design-Expert 8.0 软件，得到 17 组多因素协同实验方案，将实验结果输入 Design-Expert 8.0 软件得出拟合方程和曲面响应优化图，再进行方差分析得出三因素协同最佳作用点，通过泥饼含水率、CST、热重分析和粒径分析等指标验证实验，得到如下结论：

(1) 单因素时热解温度最佳范围值为 40～90 ℃,Fenton 试剂投加量最佳范围值为 0.06～0.16 mL/mL,PAM 试剂投加量的最佳范围为 0.01～0.05 mg/mL。

(2) 三因素即热解温度、Fenton 试剂和 PAM 试剂联合调理能够明显改善污泥的脱水性能,处理污泥的最佳热解温度、Fenton 试剂和 PAM 试剂投加量范围分别为 65 ℃、0.11 mL/mL 和 0.03 mg/mL,且三因素处理效果明显优于单因素。

(3) 二次曲面响应优化建立了泥饼含水率和 CST 的预测模型,模型的回归系数分别为 0.9775 和 0.9998,模型对数据的拟合良好,可分别对热解温度、Fenton 试剂和 PAM 试剂不同投加量下的泥饼含水率和 CST 进行预测。

(4) 在实验方案中,确定热解温度为 65 ℃、Fenton 试剂和 PAM 试剂投加量分别为 0.11 mL/mL 和 0.03 mg/mL,泥饼含水率为 72%。结果表明,泥饼含水率为 (72 ± 1.1)%,与模型预测值基本吻合;CST 为 15.5 s,与模型预测值基本吻合。

(5) 热重分析曲线表明,原污泥的起始脱水温度和热重峰温度前移,而在热解温度 65 ℃(作用时间 30 min)、Fenton 试剂 0.11 mL/mL(反应时间 1h)及 PAM 试剂投加量 0.03 mg/mL 的条件下进行处理后,其起始脱水温度和热重峰温度前移更加明显。这表明热解温度(65 ℃)、Fenton 试剂(0.11 mL/mL)及 PAM 试剂(0.03 mg/mL)联合调理可以更好地改善污泥的脱水性能。

(6) 污泥粒径颗粒分析,原污泥中颗粒平均粒径在 90 μm 时所占比例最大,体积累积在 75% 左右;三因素协同处理后的颗粒平均粒径在 400 μm 时所占比例最大,体积累积接近 100%,这表明热解温度(65 ℃)、Fenton 试剂(0.11 mL/mL)及 PAM 试剂(0.03 mg/mL)协同处理后污泥颗粒粒径明显增大,污泥结构更加紧实利于沉降,对于改善污泥脱水效果明显。

参考文献

[1]　Zhang J Z,Yue Q Y,Xia C,et al. The study of Na_2SiO_3 as conditioner used to deep dewater the urban sewage dewatered sludge by filter press[J]. Separation and Purification Technology,2017,174:331-337.

[2]　伍远辉,罗宿星,翟飞,等.类芬顿试剂耦合超声对活性污泥脱水性能的影响[J].环境工程学报,2016,10(05):2655-2659.

[3]　Aanrews J P,Asaadi M,Clarke B,et al. Poten-tially toxic elemen release by Fenton oxidation of sewagesludge[J]. Water Science and Technology,2006,54(5):197-205.

[4]　洪晨,邢奕,司艳晓,等.芬顿试剂氧化对污泥脱水性能的影响[J].环境科学研究,2014,27(6):615-622.

［5］ Liu H,Yang J K,Zhu N,et al. A comprehensive insight into the com-bined effects of Fenton's reagent and skeleton builders on sludge deep dewatering performance［J］. Journal of Hazardous Materials,2013,258-259.

［6］ 陈英文,刘明庆,惠祖刚,等. Fenton氧化破解剩余污泥的实验研究［J］. 环境工程学报,2011,5(2):409-413.

［7］ He D Q,Wang L F,Jiang H,et al. A fenton-like process for the en-hanced activated sludge dewatering［J］. Chemical Engineering Journal, 2015, 272:128-134.

［8］ Yu W B,Yang J K,Shi Y,et al. Roles of iron species and pH optimiza-tion on sewage sludge conditioning with Fenton's reagent and lime［J］. Water Research,2016,23:95-102.

［9］ 麻红磊. 城市污水污泥热水解特性及污泥高效脱水技术研究［D］. 杭州: 浙江大学,2012.

［10］ Xue Y,Liu H,Chen S,et al. Effects of thermal hydrolysison organic matter solubilization and anaerobic digestion of highsolid sludge［J］. Chemical Engineering Journal,2015,264:174-180.

［11］ 周煜. Fenton、光Fenton氧化处理剩余污泥研究［D］. 长沙:湖南大学,2010.

［12］ Takashima M,Tanaka Y. Acidic thermal post-treat-ment for enhan-cing anaerobic digestion of sewage sludge［J］. Journal of Environmental Chemical Engineering,2014,2(2):773-779.

［13］ 何品晶,顾国维,李笃中,等. 城市污泥处理与利用［M］. 北京:科学出版社,2003.

［14］ 余佩. 加热加酸碱提高污水处理厂剩余污泥脱水效果的试验研究［D］. 长沙:湖南大学,2011.

［15］ Wang L F,Qian C,Jiang J K,et al. Response of extracellular poly-meric substances to thermal treatment in sludge dewatering process［J］. Environ-mental Pollution,2017,231:1388-1392.

［16］ 施正华,李秀芬,宋小莉,等. 采用阳离子聚丙烯酰胺改善污泥水解液的脱水性能［J］. 环境工程学报,2017,11(10):5615-5620.

［17］ 裴晋,于晓华,姚宏,等. PAM对制药污泥脱水性能改善及毒性削减［J］. 环境工程学报,2014,8(9):3939-3945.

［18］ 谢丽辉. 聚丙烯酰胺（PAM）对污泥脱水性能的改善［J］. 广州化工, 2012,40(19):101-103.

[19] 韩洪军,年晋铭.微波联合 PAM 对污泥脱水性能的影响[J].哈尔滨工业大学学报,2012,44(10):28-32.

[20] 刘晓娜,孙幼萍,谭燕,等.PAM 絮凝剂对污泥脱水性能的影响研究[J].广西轻工业,2011,27(2):96-97.

[21] 郭俊元,能子礼超,刘杨杨,等.污泥预处理对微生物絮凝剂制备及性能的影响[J].环境科学学报,2015,35(7):2077-2082.

[22] 穆丹琳,徐慧,肖峰,等.污泥调理对给水污泥脱水性能的影响[J].环境工程学报,2016,10(10):5447-5452.

[23] Zhang Z Q,Xia S Q,Zhang J. Enhanced dewatering of waste sludge with microbial flocculant TJ-F1 as a novel conditioner[J]. Water Research,2010,44(10):3087-3092.

[24] 王树芹,罗松涛,李国忠,等.阴离子型聚丙烯酰胺相对分子质量和水解度对污泥脱水性能影响的研究[J].环境科学学报,2011,31(8):1706-1713.

[25] Tripathy T,Kamakar N C,Singh R P. Development of novel polymeric flocculant based on grafted sodium algmate for the treatment of coalmin wastewater[J]. Applied Polymer Science,2001,82(2):375-382.

[26] Xue Y,Liu H,Chen S,et al. Effects of thermal hydrolysis on organic matter solubilization and anaerobic digestion of high solid sludge[J]. Chemical Engineering Journal,2015,264:174-180.

[27] 李亚东,华佳,李海波,等.剩余活性污泥的处置及再利用技术[J].工业安全与环保,2005,31(4):26-29.

[28] Takashima M,Tanaka Y. Acidic thermal post-treatment for enhancing anaerobic digestion of sewage sludge[J]. Journal of Environmental Chemical Engineering,2014,2(2):773-779.

[29] 杜元元,张磊,汪恂,等.热水解预处理改善污泥脱水性能的实验研究[J].工业安全与环保,2017,43(5):27-29.

[30] Gavala H N,Yenal U,Skiadas I V,et al. Mesophi-lic and thermophilic anaerobic digestion of primary and secondary sludge. Effect of pre-treatment at elevated tempwrature[J]. Water Research,2003,37(19):4561-4572.

[31] 于洁.热水解联合氯化钙改善活性污泥脱水性能[D].杭州:浙江大学,2013.

[32] 郦汇源.Fenton、UV-Fenton 氧化处理城市污泥的机理和效能研究[D].徐州:中国矿业大学(徐州),2014.

［33］　王世磊.Design-Expert 软件在响应面优化中的应用［D］.郑州：郑州大学,2009.

［34］　王诗生,李静,盛广宏,等.响应面法优化污泥电渗透脱水工艺参数［J］.环境工程学报,2014,8(12):5463-5468.

［35］　廖素凤,陈建雄,杨志坚,等.响应曲面分析法优化葡萄籽原花青素提取工艺的研究［J］.热带作物学报,2011,32(3):554-559.

［36］　李莉,张智,张赛,等.基于响应面法优化 MVP 法处理垃圾渗透液工艺的研究［J］.环境工程学报,2010,4(6):1289-1295.

［37］　邢奕,王志强,洪晨,等.基于 RSM 模型对污泥联合调理的参数优化［J］.中国环境科学,2014,34(11):2866-2873.

［38］　Little T M,Hills F J. Agricultural experimental：Design and analysis［M］.NewYork：John Wiley and Sons,1978.

［39］　李洋洋,金宜英,李欢. 采用热重分析法研究煤掺烧干污泥燃烧特性［J］.中国环境科学,2011,31(3):408-411.

［40］　张翠雅. 好氧颗粒污泥形成过程和稳定性控制优化研究［D］.大连：大连理工大学,2016.

4　微波 Fenton 协同 PAM 改善污泥脱水性能研究

4.1　实验材料与方法

4.1.1　实验材料

实验所用的污泥是××市污水处理厂的回流剩余污泥,该污水处理厂的工艺是 A^2/O,日处理废水量 20 万立方米。实验样品取回后要静置 24~48 h,待其稳定后去掉上清液备用。

实验所用污泥的基本物理化学特性见表 4-1。

表 4-1　　　　　　　　　　　　污泥物理化学性质

污泥性能参数	数值
密度/(g/mL)	0.98
含水率/%	98.73
CST/s	94.20
黏度/(mPa·s)	192.00
pH 值	7.20
SRF/(m/kg)	$1.106×10^{11}$

4.1.2　实验仪器与药品

(1) 实验仪器。

实验仪器包括 FA2004 电子分析天平、GZX 9140 MBE 电热鼓风干燥箱、80-2

电动离心机、XY-102 MW 卤素水分测定仪、超声波微波协同反应工作站、SNB-1 旋转黏度计、QBP347 污泥比阻实验装置、DP 123542 毛细吸水时间测定仪、HI 93703-11 浊度仪、光学显微镜 BX-600、MS2000 粒径分析仪、ZRT-B 热重分析仪。

（2）实验药品。

30％过氧化氢、10％硫酸亚铁、适量 PAM(阳离子聚丙烯酰胺)，试剂配制全部为蒸馏水。

4.1.3　实验过程

本实验可分为四个实验阶段：准备阶段、单因素实验阶段、三因素协同实验阶段、实验验证阶段。

4.1.3.1　准备阶段

实验正式开始前，拟订好实验计划，到××市污水处理厂取样，将样品取回放于实验室，静置 24～48 h，待其稳定后，去掉上清液作为原剩余污泥；实验过程中用到的药剂包括 30％硫酸亚铁、10％过氧化氢、PAM(固体颗粒)，实验中要保证药剂量充足；调整好实验过程中所要用的仪器。

4.1.3.2　单因素实验阶段

单因素实验包含微波、Fenton 试剂、PAM 试剂 3 种单因素，3 种单因素各自的范围值要参考相关文献来初步确定，实验过程中仅考虑单一因素对实验结果的影响，根据实验结果确定最佳值。

微波的投加量根据参考文献确定，微波功率大，反应时间短，污泥脱水的效果好；当微波功率较小时，若想取得较好的处理效果，则应适当增大微波处理的时间。微波由微波反应工作站提供，实验的具体操作应严格按照使用手册进行。

Fenton 试剂的投加量由本章参考文献[15]、[16]确定，实验的投加量为单位干泥投加量，Fenton 试剂由硫酸亚铁和过氧化氢以合适配比形成，在实验过程中采用现用现配的方法，本实验选择先投加硫酸亚铁，待充分搅拌混合后，加入过氧化氢，再次搅拌使之充分反应。

PAM 试剂的投加量由本章参考文献[17]、[18]确定，实验中用到的 PAM 是固体，使用过程中需要先对其进行研磨，然后过标准筛，以便能取得颗粒大小较为相近的絮凝剂。

将单因素实验结果输入 Origin 8.0 软件中，以确定三种单因素的最佳范围值，进行多因素实验。

4.1.3.3　三因素协同实验阶段

将 3 种单因素的最佳范围输入 Design-Expert 8.0 软件中,并进行实验,再将实验结果输入 Design-Expert 8.0 软件中,以便确定多因素的最佳协同条件。在单因素实验方法的基础上,采用响应曲面优化法绘制相关模型。假设该模型的二次方程为

$$Y = \beta_0 + \sum_{i=1}^{3} \beta_i X_i + \sum_{i=1}^{3} \beta_{ii} X_i^2 + \sum \cdot \sum_{i<j=2}^{3} \beta_{ij} X_i X_j \qquad (4\text{-}1)$$

式中　Y——预测的响应值,响应值包括两个因变量,即 CST(s)和 WC(%);

X_i,X_j——单因素的代码值;

β_0——常数项;

β_i——线性系数;

β_{ii}——二次项的系数;

β_{ij}——单因素交互项的系数。

按照 Design-Expert 8.0 软件功能要求,一共可得出 17 组三因素耦合的实验方案,将实验数据结果,结合 Design-Expert 8.0 软件,可以得出微波、Fenton 试剂及 PAM 试剂的拟合方程、方差分析、预测值、等高线图及响应曲面响应优化的结果。

4.1.3.4　验证实验阶段

在验证实验中,把响应曲面优化后得出的多因素最佳实验方案,通过实际操作,测定污泥的 CST、泥饼含水率等数值,同时进行剩余污泥的光学显微镜分析、粒径分析、热重分析,进而确定多因素实验最佳条件。

实验具体流程如图 4-1 所示。

4.1.4　实验测定指标

实验以毛细吸水时间(CST)、泥饼含水率(WC)、污泥光学显微镜图片、污泥粒径分析及污泥热重分析等作为指标。

4.1.4.1　污泥的毛细吸水时间测定

采用毛细吸水时间测定仪,将测试座插入测试仪,取适量调理后的污泥,用 5 mm 筛孔过滤掉大颗粒物质,把样本慢慢注入短加液管,按测试键进行测试,记录第一次蜂鸣与第二次蜂鸣间隔时间,作为实验的 CST 值。

4.1.4.2　泥饼含水率测定

泥饼含水率常常被用来表征污泥的脱水性能。将处理好之后的 60～100 mL

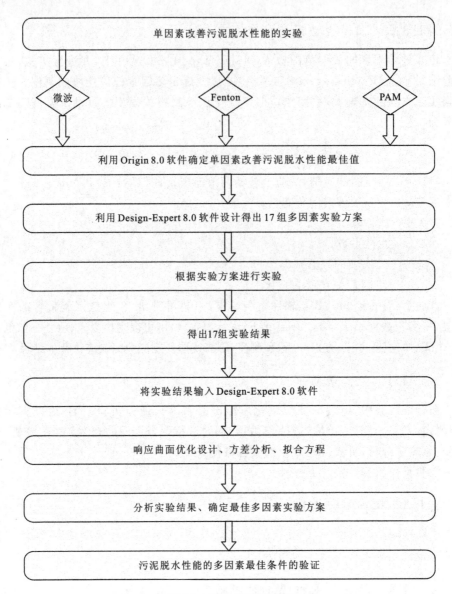

图 4-1　实验具体流程图

污泥倒入真空过滤脱水装置的漏斗中（漏斗中的滤纸应提前用蒸馏水润湿），在 0.45 MPa 的真空下抽滤，每隔 15～60 s 记录一次抽滤瓶中量筒的体积变化，当漏斗中污泥开裂，即抽滤装置中的真空环境被破坏时，应关闭电源，立即停止抽滤，用镊子取出装有泥饼的滤纸，用卤素水分测定仪测出泥饼的含水率并记录数据。

4.1.4.3 污泥比阻测定

对污水处理厂剩余污泥的污泥比阻（SRF）进行测定，污泥比阻需要根据如下 3 个公式进行计算，对计算过程所需要的数值进行测定，其中包括抽滤时间、抽滤瓶内量筒体积变化情况及滤纸的面积等。SRF 可以很好地说明剩余污泥脱水情况，SRF 数值越大，表示剩余污泥脱水性能越差。

$$SRF = \frac{2PA^2b}{\mu\omega} \tag{4-2}$$

$$b = t/V \tag{4-3}$$

$$A = \pi r^2 \tag{4-4}$$

式中　P——抽滤时的压力，N/m^2；

A——定性滤纸的面积，m^2；

r——定性滤纸的半径，m；

b——斜率；

μ——剩余污泥的黏度，$Pa \cdot s$；

V——量筒内滤出液体积，m^3；

t——抽滤所需时间，s；

ω——滤液被滤纸截留的干固体质量，kg。

4.1.4.4 污泥光学显微镜分析

取适量实验原污泥、适量单因素处理过后的污泥、适量微波、Fenton 试剂协同 PAM 试剂调理过的污泥于载玻片上，将载玻片放置于光学显微镜下，观察污泥的结构。

4.1.4.5 污泥粒径分析

取实验原污泥，微波（450 W）、Fenton 试剂（0.11 mL/mL）及 PAM 试剂（0.03 mg/mL）联合处理过的剩余污泥各 5 g，放置于通风处一段时间，待完全风干后，利用粒径分析仪对其进行粒径分析。

4.1.4.6 污泥热重分析

取适量原剩余污泥，微波、Fenton 试剂协同 PAM 试剂联合调理的污泥，置于相同条件下，进行热重分析，其中，升温速率 10 K/min，通气速率 20 mL/min。

4.2 结果与讨论

4.2.1 单因素实验

在改善污泥脱水性能的微波、Fenton 试剂、PAM 试剂三种单因素实验过程中，各单因素的参考范围值，要查阅相关文献来确定，运用 Origin 8.0 软件将实验结果表示出来，以便进一步寻找三种单因素的最佳范围值。

4.2.1.1 微波对污泥脱水性能的改善

微波对剩余污泥脱水的改善情况如图 4-2、图 4-3 所示。

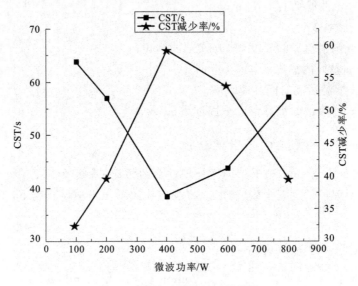

图 4-2 微波对污泥 CST 的影响

由图 4-2 和图 4-3 可知，微波辐射能起到改善污泥脱水性能的作用，原因是微波可使污泥释放出有机质。微波作用时间 60 s 时，大体经历先降低后上升，CST和泥饼含水率从 100 W 开始降低，降低至 400 W，并在 400 W 的条件下取得了二者的最低值，此时，剩余污泥的 CST 为 38.47 s，CST 的减少率达到了 59.16%；泥饼含水率为71.35%，泥饼含水率的减少率为 15.41%，脱水效果最佳；微波功率从400 W 上升到800 W 时，CST 和泥饼含水率数值逐渐增加，表明脱水性能比之前差。相比其他功率，在微波功率 400 W、作用时间 60 s 的条件下，剩余污泥脱水性能改善最佳。王燕杉等通过实验得出，微波功率 600 W、微波时间 120 s 时，乙醇厌氧

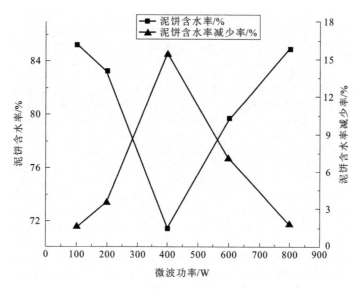

图 4-3 微波对泥饼含水率的影响

消化污泥处理效果最好。与本实验的微波功率、微波时间不同,污泥的脱水性能与污泥性质有密切联系,由于城市污泥与其污泥相比,城市污泥的污染物较少,且 pH 值在 7 左右,所以污泥只要进行较小功率、较短时间的微波处理,即可达到很好的效果。

4.2.1.2 Fenton 试剂对污泥脱水性能的影响

Fenton 试剂对污泥有较强的絮凝作用,因其具有绿色环保、反应速度快等特点,常常与其他方法一起使用,可获得好的效果。Fenton 试剂对污泥脱水性能的具体影响如图 4-4、图 4-5 所示。

由图 4-4、图 4-5 可以知道,随着 Fenton 试剂投加量增大,对剩余污泥的氧化程度增强,投加量从 0.06 mL/mL 上升到 0.12 mL/mL 时,剩余污泥的 CST 和泥饼含水率一直降低,在 Fenton 试剂投加量为 0.12 mL/mL 时,氧化效果最佳,此时污泥的 CST 和泥饼含水率最低,CST 低至 24.8 s,CST 降低率达 73.67%,泥饼含水率低至 75.26%,泥饼含水率降低率达 11.5%。当试剂投加量进一步增大到 0.16 mL/mL 时,CST 和泥饼含水率两个指标呈增加的趋势,脱水性能变差。若单独用 Fenton 试剂,则成本较高,所以不宜多用。针对这一问题,国内外学者做了大量的研究。Fenton 试剂联合其他手段一同使用,更能达到良好的处理效果。王现丽等将光能、Fenton 试剂应用到污泥之中,有效地降低了有机物含量。刘烨等采用 Fe/C 微电解、Fenton 试剂联合处理煤化工污泥,当 Fe/C 为 1∶1 时,处理效果最好。Fenton 试剂联合其他方法一起使用,对各种污泥脱水性能改善,均起到明显的促进作用。

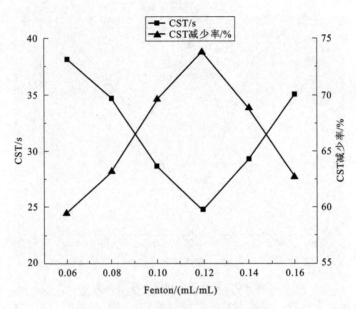

图 4-4　Fenton 试剂对污泥 CST 的影响

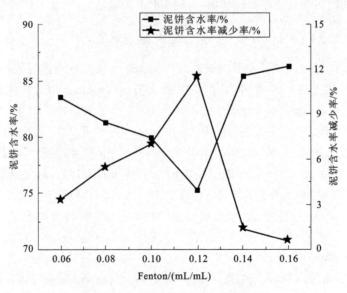

图 4-5　Fenton 试剂对泥饼含水率的影响

4.2.1.3　PAM 试剂对污泥脱水性能的影响

PAM 是长链状的聚合物分子结构,分子量大、易成氢键,水溶性较好。PAM

试剂有吸附架桥作用,使颗粒状的污泥形成污泥团,从而利于污泥脱水。PAM 试剂对污泥脱水性能的影响结果如图 4-6 和图 4-7 所示。

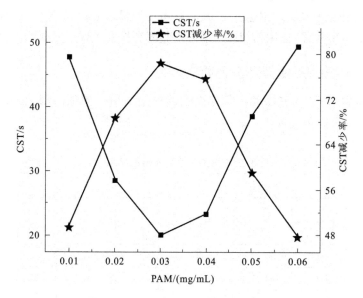

图 4-6　PAM 试剂对污泥 CST 的影响

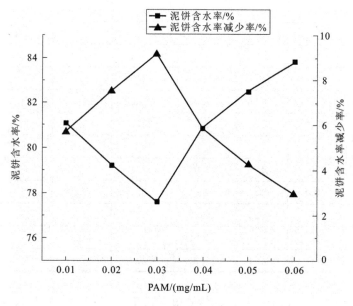

图 4-7　PAM 试剂对泥饼含水率的影响

由图 4-6、图 4-7 可知，PAM 投加量从 0.01 mg/mL 上升到 0.03 mg/mL 时，剩余污泥的 CST 和泥饼含水率明显下降，脱水性能得到改善，PAM 投加量是 0.03 mg/mL 时，剩余污泥 CST 是 20.2 s，CST 减少率达 78.5%；泥饼含水率为 77.61%，泥饼含水率减少率达 9.15%。但当投加量逐渐增加至 0.06 mg/mL 时，两个指标反而变大，这是因为 PAM 增大了黏度和排斥力，最终脱水性能变差。

4.2.2　三因素模型方差分析

根据单因素实验，可以确定各单因素的最佳适用范围值，通过 Design-Expert 8.0 软件来实现的实验设计，从而得出相应 17 组污泥脱水实验方案，具体如表 4-2 所示。

表 4-2　　　　　　　　　　响应曲面实验设计及实验结果

编号	编码值			CST/s		泥饼含水率/%	
	X_1	X_2	X_3	真实值	预测值	真实值	预测值
1	800	0.11	0.06	35.1	35.4	76.4	75.7
2	800	0.16	0.03	34.0	34.5	74.3	75.1
3	450	0.11	0.03	14.7	13.8	72.6	71.5
4	450	0.16	0.01	36.4	35.7	76.4	75.8
5	450	0.11	0.03	14.0	13.8	70.9	71.5
6	100	0.11	0.01	37.9	37.6	78.0	78.6
7	450	0.11	0.03	13.5	13.8	71.5	71.5
8	800	0.06	0.03	36.4	35.7	74.1	75.3
9	100	0.16	0.03	33.2	33.8	79.4	78.1
10	450	0.06	0.01	38.2	39.0	75.5	75.6
11	800	0.11	0.01	36.8	36.5	76.7	75.3
12	450	0.11	0.03	14.0	13.8	70.6	71.5
13	100	0.06	0.03	37.9	37.3	77.9	77.0
14	100	0.11	0.06	35.0	35.2	75.7	77.0
15	450	0.11	0.03	13.2	13.8	72.1	71.5
16	450	0.16	0.06	35.8	34.9	75.7	75.5
17	450	0.06	0.06	36.3	36.6	76.4	76.9

将实验结果填入表中，即真实值，运用该软件可以求出模型的二次多项方程系数，得出方差分析表和拟合方程。

4.2.2.1 CST 的模型方差分析

CST 二次回归方程模型为：

$$CST = 114.83682 - 0.082638X_1 - 1014.06571X_2 - 1402.24857X_3 +$$
$$0.032857X_1X_2 + 0.034286X_1X_3 + 260.00000X_2X_3 +$$
$$8.57959 \times 10^{-5}X_1^2 + 4394.00000X_2^2 + 18896.00000X_3^2 \qquad (4-5)$$

根据方程式(4-5)的各项系数可以知道，该方程的抛物面开口方向向上，因此具有最小值，作为本实验的最佳点，可以进行剩余污泥的最优分析、方差分析、真实性检测等，具体结果见表4-4。

由实验结果(表4-3)可知，该响应面的回归模型中 F 值是 288.69，表明了该模型的真实性较高，有很好的代表性，可较为直观地表明实验的准确性；R_{adj}^2 是本模型的校正系数，数值是 0.9939，表明了本模型可大致说明 99.39% 的响应值变化，仅有 0.61% 的响应值变化不能得到很好的解释；回归系数表明了各因素间相互依赖的关系，数值越接近1，说明模型越准确，回归系数是 0.9973，可认为本实验的模型拟合度较好，有较高的可信性。综上所述，本模型有较高的准确性，适合采用。

表 4-3 　　　　　　　　　　**CST 的回归方程模型方差分析**

来源	平方和	自由度	均方	F	$P(\text{Prob}>F)$
	SS	DF	MS		
模型	1763.23	9	195.91	288.69	0.0001
X_1	1.32	1	1.32	1.94	0.2061
X_2	507.83	1	507.83	748.31	0.0001
X_3	0.41	1	0.41	0.61	0.4614
X_1X_2	1.32	1	1.32	1.95	0.2054
X_1X_3	0.36	1	0.36	0.53	0.4901
X_2X_3	0.42	1	0.42	0.62	0.4560
X_1^2	465.10	1	465.10	685.33	0.0001
X_2^2	508.09	1	508.09	748.68	0.0001
X_3^2	587.27	1	587.27	865.36	0.0001
残差	4.75	7	0.68		
拟合不足	3.44	3	1.15	3.51	0.1283
误差	1.31	4	0.33		
总误差	1767.98	16			

CST 的真实值与预测值的具体对比详见图 4-8，由图可以看出，直线的斜率接近 1，说明用本模型能够代替真实值，从而对三因素实验结果进行方差分析。

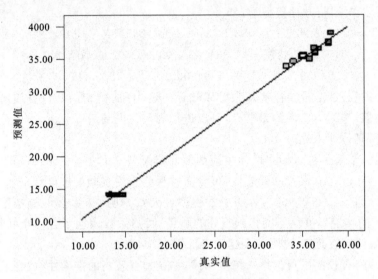

图 4-8　CST 的真实值与预测值对比

4.2.2.2　泥饼含水率的模型方差分析

泥饼含水率的多元二次回归方程模型为：

$$\begin{aligned}
WC = {} & 91.09717 - 0.023866X_1 - 159.83286X_2 - 267.67429X_3 - \\
& 0.018571X_1X_2 + 0.057143X_1X_3 - 320.00000X_2X_3 + \\
& 2.27959 \times 10^{-5}X_1^2 + 837.00000X_2^2 + 3788.00000X_3^2
\end{aligned} \tag{4-6}$$

在方程式(4-6)中，各项系数为已知，由此分析可知，本方程的抛物面开口方向向上，存在最小值，即作为本模型的最优点，能进行一系列分析，具体结果见表 4-4。

本模型中 F 值是 6.05，P 值是 0.0135，表明了真实性的程度；校正系数 R_{adj}^2，为 0.7396，表明了本模型可大致说明 73.96% 的响应值变化，约有 26.04% 的响应值变化未能得到很好的解释；回归系数表明了三种变量相互依赖的关系，数值越接近 1，说明模型越准确，本模型的回归系数为 0.8861。

综上所述，本模型可较好地反映真实情况，适宜采用。泥饼含水率的真实值与预测值的具体对比结果见图 4-9。

表 4-4　　　　　　　泥饼含水率的回归方程模型方差分析

来源	平方和	自由度	均方	F	P(Prob>F)
	SS	DF	MS		
模型	98.02	9	10.89	6.05	0.0135
X_1	0.44	1	0.44	0.24	0.6374
X_2	18.45	1	18.45	10.24	0.0151
X_3	0.64	1	0.64	0.36	0.5685
X_1X_2	0.42	1	0.42	0.23	0.6429
X_1X_3	1.00	1	1.00	0.56	0.4804
X_2X_3	0.64	1	0.64	0.36	0.5698
X_1^2	32.83	1	32.83	18.23	0.0037
X_2^2	18.44	1	18.44	10.24	0.0151
X_3^2	23.60	1	23.60	13.11	0.0085
残差	12.60	7	1.80		
拟合不足	9.87	3	3.29	4.82	0.0814
误差	2.73	4	0.68		
总误差	110.62	16			

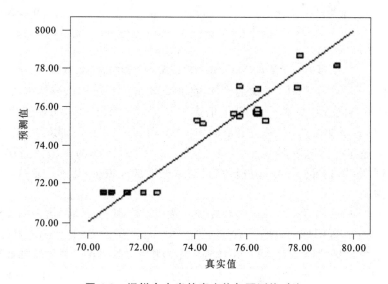

图 4-9　泥饼含水率的真实值与预测值对比

4.2.3　响应曲面图及参数优化

为了更直观地表明本实验过程，根据 3 种单因素的实验结果，取微波、Fenton 试剂及 PAM 试剂为考察影响变量因素，以剩余污泥的 CST 和泥饼含水率为指标来表征污泥的脱水性能，用 Design-Expert 8.0 软件做出等高线图和响应曲面图。

4.2.3.1　CST 响应曲面图及参数优化

不同变量对污泥 CST 影响的等高线图和响应曲面图见图 4-10～图 4-15。

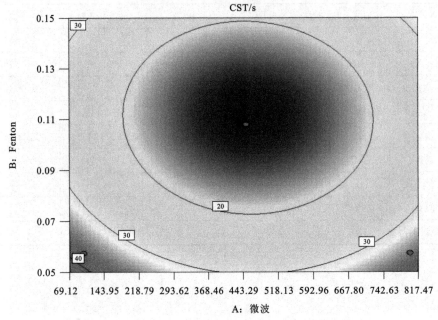

CST/s

B: Fenton

A: 微波

图 4-10　微波和 Fenton 试剂对污泥 CST 影响的等高线图

图 4-10、图 4-11 是 PAM 试剂投加量为 0.03 mg/mL 时，微波作用功率变化和 Fenton 试剂不同投加量对污泥 CST 的影响结果。由图中可以明显看出，CST 会随微波功率的增加而减小，在一定范围内 CST 取得了最小值，此时污泥的脱水性能最好，当超过一定范围时，CST 会呈现增大的趋势，污泥的脱水性能逐渐变差。同理，CST 的数值会随着 Fenton 试剂投加量的增加先减少，达到一定范围后，CST 会逐渐增加。

图 4-12、图 4-13 是 Fenton 试剂投加量为 0.11 mL/mL 时，污泥的 CST 与微波功率和 PAM 试剂投加量的关系。由图中可知，污泥的 CST 会随着微波功率和 PAM 试剂投加量的增加而减少，在达到一定范围后，又随着二者的增加而增加，说明微波和 PAM 试剂起作用，但又都有一定的作用范围，超出此作用范围时 CST 会增大，剩余污泥的脱水性能明显改善。

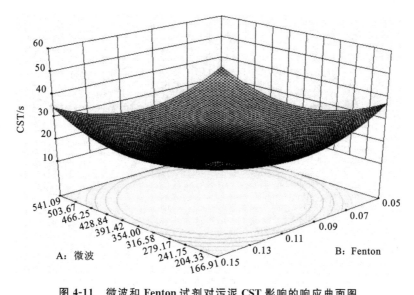

图 4-11 微波和 Fenton 试剂对污泥 CST 影响的响应曲面图

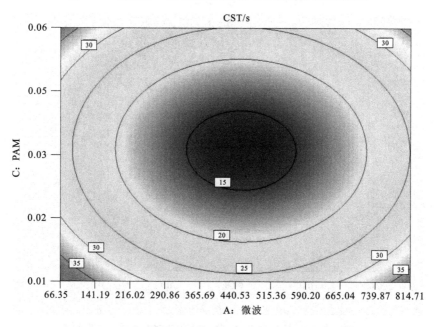

图 4-12 微波和 PAM 试剂对污泥 CST 影响的等高线图

图 4-14、图 4-15 是微波功率为 450 W 时，Fenton 试剂和 PAM 试剂不同投加量对 CST 的影响情况。在一定范围内，污泥的 CST 会随 Fenton 试剂投加量的增加而减少，也随 PAM 试剂投加量的增加而减少，当超过这个范围时，会随之呈现相反趋势。

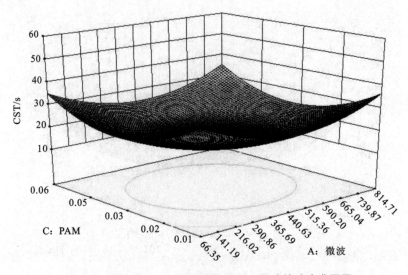

图 4-13　微波和 PAM 试剂对污泥 CST 影响的响应曲面图

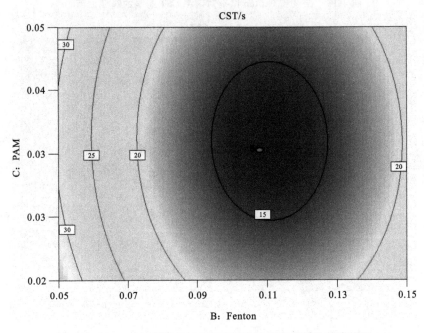

图 4-14　Fenton 试剂和 PAM 试剂对污泥 CST 影响的等高线图

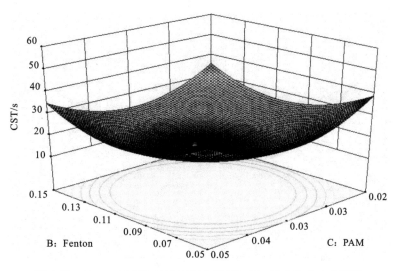

图 4-15 Fenton 试剂和 PAM 试剂对污泥 CST 影响的响应曲面图

4.2.3.2 泥饼含水率的响应曲面图及参数优化

不同变量对泥饼含水率影响的等高线图和响应曲面图见图 4-16～图 4-21。

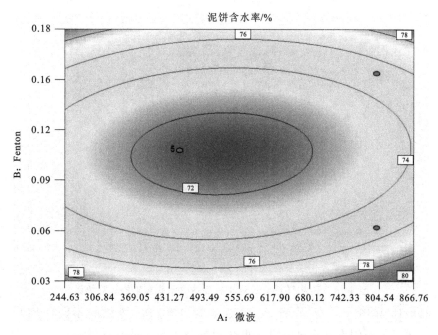

图 4-16 微波和 Fenton 试剂对泥饼含水率影响的等高线图

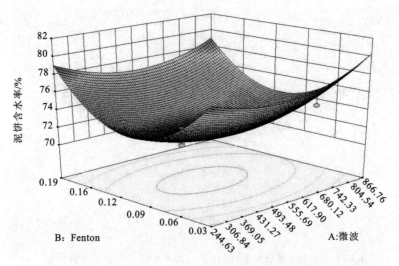

图 4-17 微波和 Fenton 试剂对泥饼含水率影响的响应曲面图

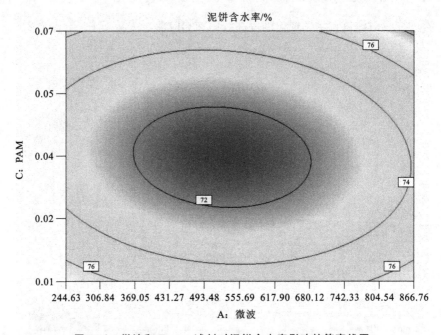

图 4-18 微波和 Fenton 试剂对泥饼含水率影响的等高线图

图 4-16 和图 4-17 表示当 PAM 数值为 0.03 时，微波的不同作用功率及 Fenton 试剂的不同投加量对泥饼含水率的影响情况。可以看出，污泥的泥饼含水率会随着微波功率的增大而变小，在一定区间内泥饼含水率取得最小值，此时污泥

的脱水性能是最好的,但超过最佳点时,会呈现相反趋势,污泥的脱水性变差。同理,泥饼含水率的数值也会随着 Fenton 试剂的增加先降低,达到最佳值后,泥饼含水率会逐渐增加,说明了 Fenton 试剂的投加量存在一个最佳作用范围。

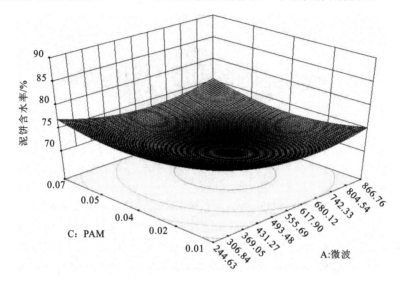

图 4-19　微波和 PAM 试剂对泥饼含水率影响的响应曲面图

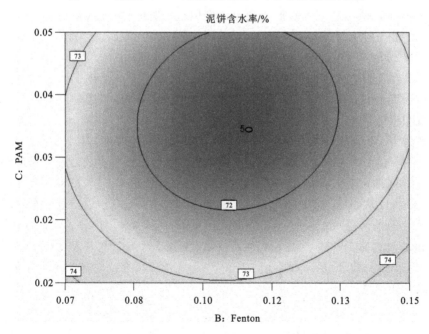

图 4-20　Fenton 试剂及 PAM 试剂对泥饼含水率影响的等高线图

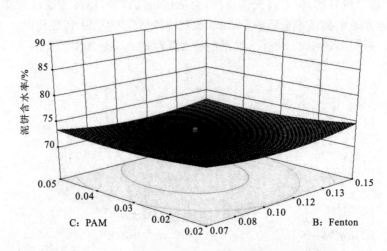

图 4-21　Fenton 试剂和 PAM 试剂对泥饼含水率影响的响应曲面图

图 4-18 和图 4-19 表示当 Fenton 试剂投加量为 0.11 mL/mL 时,泥饼含水率与微波的不同功率和 PAM 试剂不同的投加量之间的关系。由图可知,剩余污泥的泥饼含水率会随着微波功率的增加和 PAM 试剂投加量的增加而减少,达到了一定范围后,会逐渐随着二者的增加而增大,说明微波和 PAM 试剂在起作用,但二者都有一定的最佳作用范围,当超出此作用范围时,泥饼含水率会慢慢增大,剩余污泥的脱水性会降低。

图 4-20 和图 4-21 表示当微波功率为 450 W 时,Fenton 试剂和 PAM 试剂投加量对剩余泥饼含水率的影响,在一定范围内,泥饼含水率会随 Fenton 试剂投加量的增大而降低,同时随 PAM 试剂投加量的增大而降低,当超过这个范围值时,会出现相反效果。

通过 Mathematica 8.0 软件结合响应曲面优化模型软件,对××市污水处理厂剩余污泥的二次回归方程模型进行求解,使二次回归方程能取得最小值,CST 的方程解出的最小值为 13.5 s,对应的处理条件是微波功率 450 W(60 s)、Fenton 试剂 0.11 mL/mL、PAM 试剂 0.03 mg/mL;泥饼含水率的回归模型取得最小值 70.6%,此时对应的条件是微波功率 450 W(60 s)、Fenton 试剂 0.11 mL/mL,PAM 试剂 0.03 mg/mL。综上所述,考虑污泥脱水效果、经济效益等多重因素,最终选择微波功率 450 W(60 s)、Fenton 试剂 0.11 mL/mL、PAM 试剂 0.03 mg/mL 作为三因素的最佳作用量。

4.2.4 最优值验证

4.2.4.1 CST 结果验证

为了更好地检验 RSM 响应曲面模型的准确性,在微波功率为 450 W(60 s)、Fenton 试剂 0.11 mL/mL、PAM 试剂 0.03 mg/mL 的条件下,进行准确性验证实验,最终测定 CST 为 (13.2 ± 0.9) s,CST 减少率约 80%,和之前对模型的预测值相比,二者偏差较小,由此可证明响应曲面优化法对××市污水处理厂的污泥脱水性能指标优化是完全可行的。

4.2.4.2 泥饼含水率结果验证

实验测定了原剩余污泥、3 种单因素分别处理后的剩余污泥及 3 种单因素联合调理后污泥的泥饼含水率,以便更好地验证剩余污泥脱水的最适条件。首先取污水处理厂剩余污泥 80 mL 于 500 mL 烧杯中,作为样本 1;再取 3 份 100 mL 污泥于 3 个烧杯中,分别编号,作为样本 2、样本 3、样本 4,对样本 2 进行微波 450 W、60 s 的处理,对样本 3 中投加 0.11 mL/mL Fenton 试剂,对样本 4 投加 0.03 mg/mL 的 PAM 试剂;最后取 100 mL 污泥于烧杯中,作为样本 5,对其进行微波 450 W、60 s 的处理,再加入 0.11 mL/mL 的 Fenton 试剂,然后加入 0.03 mg/mL 的 PAM 试剂,搅拌均匀。

将 5 个样本内的污泥倒入污泥比阻实验装置,打开电源,将泥饼放入卤素水分测定仪中进行测定,并记录实验数据,具体结果如图 4-22 所示。

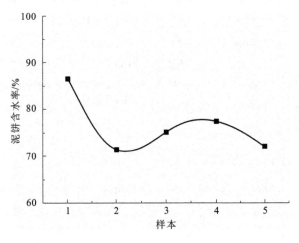

图 4-22 泥饼含水率结果

其中，样本1泥饼含水率为（86.76±0.39）％，样本2为（71.35±0.82）％，样本3是（75.26±0.28）％，样本4为（77.61±0.34）％，样本5三种因素联合处理后为（72.1±0.49）％。泥饼含水率是指水的重量在泥饼重量中所占的比值，数值越低，说明脱水能力越强，剩余污泥越易脱水。以上实验结果表明，在450 W（60 s）微波、0.11 mL/mL Fenton试剂、0.03 mg/mL PAM试剂联合作用下××市污水处理厂污泥的脱水性能最好。

4.2.4.3 污泥光学显微镜分析

将原剩余污泥和微波（450 W）、Fenton试剂（0.11 mL/mL）协同PAM试剂（0.03 mg/mL）处理后的剩余污泥置于光学显微镜（目镜5×，物镜10×）下进行观察，放大40倍，分析其结构及形态的变化，如图4-23和图4-24所示。

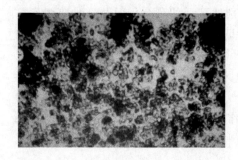 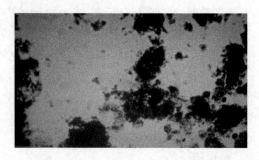

图4-23 原剩余污泥的光学显微镜图　　　图4-24 调理后污泥光学显微镜图

由图4-23可以观察到原污泥的形态，图像中污泥主要呈絮状，污泥间压缩性很高，孔隙大多呈闭合状态，通水性很差，导致水分子不易从污泥间分离出来，进而导致污泥的脱水性能差。由图4-24可以看出，经过微波、Fenton试剂协同PAM试剂处理的污泥与城市污泥相比，孔隙增大，污泥表面大多呈多孔状态，水分子易分离，剩余污泥脱水性得到改善，Fenton试剂会破坏污泥的EPS，降低EPS的亲水效果，PAM作为一种絮凝剂，会减少剩余污泥间的阻力，微波、Fenton试剂及PAM试剂三者耦合，会使剩余污泥的内部结构改变，使剩余污泥脱水性得到改善。

4.2.4.4 污泥粒径结果分析

对剩余污泥和经微波（450 W/60 s）、Fenton试剂（0.11 mL/mL）协同PAM试剂（0.03 mg/mL）处理后的剩余污泥分别进行粒径分析，由此可得出粒径分布情况，具体见图4-25、图4-26。

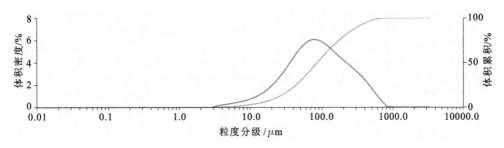

图 4-25　原剩余污泥粒径分析图

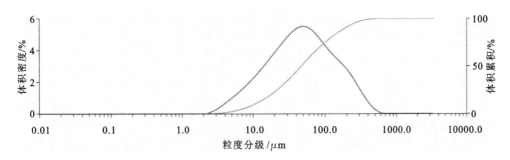

图 4-26　三种因素联合调理的污泥粒径分析图

根据图 4-25、图 4-26 可知，××市污水处理厂剩余污泥的颗粒粒径为 78 μm 的最多，占的比例最大，其体积分数是 74%；经过三种因素联合调理的污泥颗粒粒径明显减小，大多集中在 46 μm，其体积分数是 91%。调理后剩余污泥的粒径尺寸较小，更适合水中微生物以此为食，进而去除水中污染物，有力地证明了微波、Fenton 试剂及 PAM 试剂三种因素联合使用时，能有效改善剩余污泥脱水性能。

4.2.4.5　污泥热重结果分析

取适量沉淀后的原污泥，适量微波（450 W）、Fenton 试剂（0.11 mL/mL）协同 PAM 试剂（0.03 mg/mL）联合调理后的污泥，将两份污泥在相同条件下进行热重分析，其中升温速率 10 K/min，通气速率 20 mL/min，热重分析的过程需要一定的时间，具体的热重分析结果如图 4-27 所示。

由图 4-27(a)所示热重分析曲线可以看出，原剩余污泥的 TG 曲线有失重阶段，且该失重阶段的温度范围是 63.43~110 ℃，峰值温度是 86.07 ℃，对应的 DTG 曲线存在着一段失重峰，失重率为 19.38%/min，这是因为污泥内部的水分子会蒸发；原污泥的热解终止温度是 599.27 ℃，残留质量是 6.16%，污泥在 300~599.27 ℃下的热重损失，主要是因为脂肪等物质分解时，有大量的挥发酚析出。

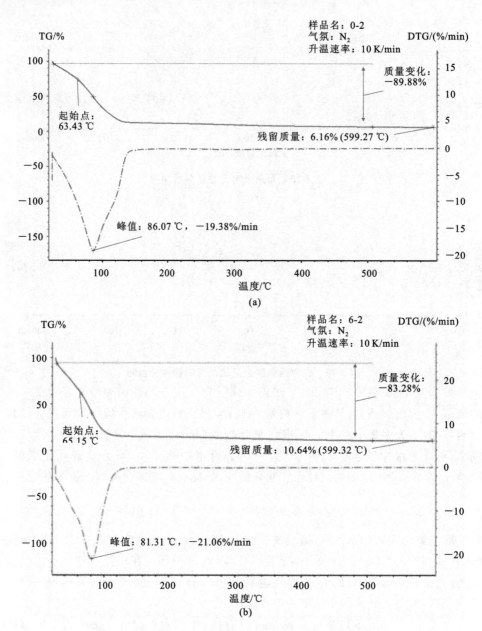

图 4-27 原污泥和三种因素联合调理后污泥的热重分析曲线

（a）原污泥；（b）调理后污泥

由 4-27（b）热重图像可知，微波（450 W）、Fenton 试剂（0.11 mL/mL）协同 PAM 试剂（0.03 mg/mL）联合调理后的污泥，TG 曲线也有明显的失重段，温度范围是 65.15～100 ℃，峰值温度是 81.31 ℃，对应的 DTG 曲线有一段失重峰，其失重率是 21.06%/min,本实验的热解终止温度是 599.32 ℃,残留质量是 10.64%。

将两组实验结果进行对比,三种因素联合调理后的污泥,无论起始温度还是失重峰温度,都明显优先于原剩余污泥,这可能是因为三种因素联合调理后,剩余污泥孔隙变大,水分更易从剩余污泥中分离,与原剩余污泥相比,脱水性能明显改善。综上所述,热重分析结果表明,三种因素联合使用时,对减少剩余污泥的含水率有很大作用。

4.3 结　　论

通过单因素实验、三因素实验和验证实验的 SRM 法,对××市污水处理厂剩余污泥进行脱水性能进行指标优化研究,结论如下:

(1) 微波、Fenton 试剂、PAM 试剂三者联合调理剩余污泥时,处理效果比单独使好,既可以改善污泥脱水性能,又可以提高脱水速度。

(2) 微波、Fenton 试剂、PAM 试剂三者同时使用,会明显改善剩余污泥脱水性能,且最佳功率和投加量范围为 200~600 W,0.10~0.14 mL/mL,0.02~0.04 mg/mL。

(3) 通过响应曲面法建立了 CST 和泥饼含水率的预测模型,模型拟合度较好,实验误差较小,可分别对微波辐射的不同作用功率及 Fenton 试剂、PAM 试剂的不同投加量下的 CST 和泥饼含水率进行预测。

(4) 在验证实验中,确定微波作用时间、Fenton 试剂和 PAM 的最佳使用量为 450 W(60 s),0.11 mL/mL,0.03 mg/mL,此时污泥 CST 是 13.2 s,CST 约减少 81%,泥饼含水率为 72.1%,泥饼含水率约减少 14.66%,与预测值基本吻合。

(5) 通过光学显微镜分析可知,微波(450 W/60 s)、Fenton 试剂(0.11 mL/mL)及 PAM 试剂(0.03 mg/mL)处理后,空隙变大,水分更易从污泥间分离出,从而最大限度地达到剩余污泥脱水的目的。

(6) 污泥粒径分析图表明,经微波、Fenton 试剂协同 PAM 试剂三者联合调理的剩余污泥,粒径为 46 μm,粒径明显低于原剩余污泥,此时三者条件分别为 450 W(60 s)、0.11 mL/mL、0.03 mg/mL。

(7) 污泥热重分析曲线表明,经微波(450 W/60 s)、Fenton 试剂(0.11 mL/mL)及 PAM 试剂(0.03 mg/mL)作用后的污泥,热重峰温度前移的幅度比原剩余污泥更明显。这表明微波(450 W/60 s)、Fenton 试剂(0.11 mL/mL)及 PAM 试剂(0.03 mg/mL)三者联合使用时,可明显改善剩余污泥的脱水性能。

参考文献

[1]　Rai C L, Struenkmann G, Mueller J, et al. Influence of ultrasonic disintegration on sludge growth reduction and its estimation by respirometry[J]. Environmental Science and Technology,2004,38 (21):5779-5785.

[2]　Cai M Q, Hu J Q, Lian G H, et al. Synergetic pretreatment of waste activated sludge by hydrodynamic cavitation combined with Fenton reaction for enhanced dewatering[J]. Ultrasonics-Sonochemistry,2018,42:609-618.

[3]　Gong C X,Jiang J G,Yang S H. Effects of Fenton oxidation with ultrasonic coupling on sludge particle size and soluble substances[J]. China Environmental Science,2013,33(2):293-297.

[4]　Vaxelaire J,Cézac P. Moisture distribution in activated sludges:A review[J]. Water Research,2004,38 (9):2215-2230.

[5]　Chen C Y,Zhang P Y,Zeng G M,et al. Sewage sludge conditioning with coal fly ash modified by sulfuric acid[J]. Chemical Engineering Journal,2010,158(3):616-622.

[6]　穆丹琳,徐慧,肖峰,等.污泥调理对给水污泥脱水性能的影响[J].环境工程学报,2016,10:5447-5452.

[7]　刘吉宝,倪晓棠,魏源送,等.微波及其组合工艺强化污泥厌氧消化研究[J].环境科学,2014,9:3455-3460.

[8]　任伯帜,侯保林,陈文文,等.微波辐射对污水处理厂动态流活性污泥性能的影响研究[J].环境科学学报,2013,6:1624-1628.

[9]　Clark P B, Nujjoo I. Ultrasonic sludge pretreatment for enhanced sludge digestion[J]. Water and Environment Journal,2000,14(1):66-71.

[10]　何文远,杨海真,顾国维.酸处理对活性污泥脱水性能的影响及其作用机理[J].环境污染与防治,2006,9:680-682,706.

[11]　梁仁礼,雷恒毅,俞强,等.微波辐射对污泥性质及脱水性能的影响[J].环境工程学报,2012,6(6):2087-2091.

[12]　Yu Q,Lei H Y,Yu G W,et al. Influence of microwave irradiation on sludge dewaterability[J]. Chemical Engineering Journal,2009,155:88-93.

[13]　刘英艳,刘勇弟.Fenton氧化法的类型及特点[J].净水技术,2005,24(3):51-54.

[14]　Liu H, Yang J K, Zhu N R, et al. A comprehensive insight into the combined effects of Fenton,s reagent and skeleton builders on sludge deepdewa-

tering performance[J]. Journal of Hazardous Materials,2013,5:258-259.

[15] 刘怡君.芬顿反应强化污泥脱水试验及机理研究[J].环境工程学报,2017,4:55-59.

[16] Hong C, Wang Z J, Si Y X, et al. Improving sludge dewaterability by combined conditioning with Fenton's reagent and surfactant[J]. Environmental & Biotechnology,2016,101(2):809-816.

[17] 汪毅恒,范艳辉,柳海波,等.阳离子聚丙烯酰胺(CPAM)改善污泥脱水性能的研究[J].北方环境,2012,2:105-108.

[18] 牛美青,张伟军,王东升,等.不同混凝剂对污泥脱水性能的影响研究[J].环境科学学报,2012,32(9):2126-2133.

[19] 韩洪军,牟晋铭.微波联合 PAM 对污泥脱水性能的影响[J].哈尔滨工业大学学报,2012,10:28-32.

[20] 胡东东,余志敏,卫新来,等.超声波与 PAM 联用改善污泥脱水性能的研究[J].环境科技,2015,6:40-43.

[21] 邢奕,王志强,洪晨,等.基于 RSM 模型对污泥联合调理的参数优化[J].中国环境科学,2014,34(11):2866-2873.

[22] 贾瑞来,刘吉宝,魏源送.基于响应面分析法的微波-过氧化氢-碱预处理污泥水解酸化优化研究[J].环境科学学报,2016,36(3):920-931.

[23] 陈小英,尤晓燕,邱凌峰,等.微波联合 Fenton 试剂对污泥脱水性能的影响研究[J].福州大学学报,2016,1:134-137.

[24] 刘欢,李亚林,时亚飞,等.无机复合调理剂对污泥脱水性能的影响[J].环境化学,2011,30(11):1877-1882.

[25] 王燕杉,王维红,台明青,等.脱硫石膏耦合微波对生产燃料乙醇厌氧消化污泥脱水性能的影响[J].环境工程学报,2017,10:5609-5614.

[26] Wojciechowska E. Application of microwaves for sewage sludge conditioning[J]. Water Research,2005,39(19):4749-4754.

[27] 刘鹏,刘欢,姚洪,等.芬顿试剂及骨架构建体对污泥脱水性能的影响[J].环境科学与技术,2013,36(10):146-151.

[28] Dewil R, Baeyens J, Neyens E. Fenton peroxidation improves the drying performance of activated sludge[J]. Hazard Mater,2005,177(2-3):161-170.

[29] Beauchesne I,Cheikh R B,Mercier G,et al. Chemical treatment of sludge:in-depth study on toxic metal removal efficiency,dewatering ability and fertilizing property[J]. Water Research,2007,41(9):2028-3038.

［30］ 王现丽,王世峰,吴俊峰,等.光电 Fenton 技术处理污泥深度脱水液研究［J］.环境科学,2014,1:208-213.

［31］ 刘烨,侯保林,任伯帜.Fe/C 微电解耦合 Fenton 处理煤化工废水的效能研究［J］.山西建筑,2018,7:199-201.

［32］ Lee D J,Shu Y H. Measurement of bound water in sludge:a comparative study［J］. Water Environment Research,1995,67(3):310-317.

［33］ 蒋秋静.阳离子聚丙烯酰胺絮凝剂在污泥脱水工艺中的应用研究［J］.太原理工大学学报,2010,41(4):352-355.

［34］ Yang Z,Yuan B,Huang X,et al. Evaluation of the flocculation performance of carboxymethyl bonded composite flocculant［J］. Water Research,2012,84(46):107-114.

［35］ 朱仕耀,王小英,刘派,等.不同类别聚丙烯酰胺的作用原理及其助留助滤性能［J］.造纸科学与技术,2012,30(4):44-48.

［36］ 王世磊.Design-Expert 软件在响应曲面优化法中的应用［D］.郑州:郑州大学,2009.

5 酸化高铁酸钾联合 PAM 改善污泥脱水性能研究

5.1 实验步骤及方法

5.1.1 污泥来源、性质及实验药品

实验样品取自××市污水处理厂曝气池内的剩余污泥,样品取回后静置 24 h,待其稳定后去掉上清液,再静置 24 h,进一步去除上清液,此时浓缩污泥的含水率为 96.40%,所用的硫酸是通过稀释浓硫酸所得,并放于指定的容器中保存。实验的其他药品为 PAM 粉末和固体状的高铁酸钾。

供试污泥基本特征如表 5-1 所示。

表 5-1　　　　　　　　　　　　　　　**实验污泥样品的性质**

参数	数值
SRF/(m/kg)	7.90×10^{11}
CST/s	70.1
pH 值	6.7
含水率/%	96.40
黏度/(mPa·s)	245

5.1.2 实验仪器

实验主要仪器见表 5-2。

表 5-2 **实验主要仪器**

编号	实验项目	仪器名称
1	测定污泥浊度（NTU）	便携式浊度测定仪
2	污泥热重分析	热重分析仪
3	测定污泥含水率（%）	卤素水分测定仪
4	测定污泥 pH 值	pHS-3C 实验室 pH 计
5	测定污泥比阻（m/kg）	比阻（SRF）实验装置
6	测定污泥黏度（Pa·s）	SNB-1 旋转黏度计
7	测定污泥毛细吸水时间（s）	TYPE 304B CST 测定仪
8	测定污泥颗粒粒径（μm）	Mastersize 3000 粒度分析仪

5.1.3 实验过程

RSM 实验过程可分为 4 个阶段：前期实验准备阶段、单因素最佳值实验阶段、三因素耦合实验阶段及最佳值验证实验阶段。

① 前期准备阶段：查看污泥脱水相关文献，了解相关实验仪器的操作和使用方法，以及在实验室应当遵守的实验守则。熟悉相关软件，并设计出实验方案。污泥样品取自××市污水处理厂二沉池中剩余污泥，在实验室静置 36～48 h 后分离，前期的准备工作就基本完成了。

② 单因素最佳值实验范围确定阶段：通过控制 pH 值的范围以及高铁酸钾和 PAM 试剂在联合调理剩余污泥时的投加量，考察单一因素对污泥脱水性能的影响，然后根据单因素实验结果，利用 Origin 8.0 软件得出单因素最佳值范围。

③ 三因素耦合最佳实验值确定阶段：根据 Origin 8.0 软件得出的实验结果，通过 Design-Expert 8.0 软件确定三因素耦合实验内容，对单因素最佳范围值进行编码。

具体单因素真实值和对应编码变量的范围和水平见表 5-3。

表 5-3 真实值和对应编码变量的范围和水平

因素	代码		编码水平		
	真实值	编码值	−1	0	1
pH 值	ε_1	X_1	2	4	6
PAM 试剂投加量/g	ε_2	X_2	0.01	0.03	0.05
高铁酸钾投加量/g	ε_3	X_3	0.03	0.07	0.14

Box-Behnken 实验：根据 Box-Behnken 实验设计原理，在单因素实验的基础上，采用响应曲面设计方法。设该模型的二次多项方程为：

$$Y = \beta_0 + \sum_{i=1}^{3} \beta_i X_i + \sum_{i=1}^{3} \beta_{ii} X_i^2 + \sum \cdot \sum_{i<j=2}^{3} \beta_{ij} X_i X_j \qquad (5-1)$$

式中　　Y——预测响应值，本研究响应值为污泥毛细吸水时间 CST(s) 和泥饼含水率 WC(%)；

X_i, X_j——自变量代码值；

β_0——常数项；

β_i——线性系数；

β_{ii}——二次项系数；

β_{ij}——交互项系数。

按照 Box-Behnken 实验设计的统计学方法，得出 17 组三因素耦合实验数据，然后进行三因素耦合实验。根据实验结果，利用 Design-Expert 8.0 软件，得出响应曲面、方差分析及拟合方程等一系列数据和图像，最后通过 RSM 模型得出三因素联合处理的最佳值。

④ 最佳值验证实验阶段：将曲面响应优化得出的最佳耦合实验结果，通过实际的实验测定出经过最佳值三因素耦合联合处理后的污泥泥饼含水率、毛细吸水时间(CST)、污泥比阻(SRF)等污泥脱水性能因素，从而验证曲面响应三因素最佳值的准确性。

5.1.4　污泥性质指标测定

5.1.4.1　污泥毛细吸水时间(CST)的测定

采用毛细吸水时间测定仪，先打开开关，将 3~5 mL 的剩余污泥样品置于不锈钢漏斗内，待机器稳定工作后，直到听到测定仪两次提示声音后读取 CST 值并记录。

5.1.4.2　剩余污泥比阻(SRF)的测定

剩余污泥比阻(SRF)测定过程。SRF反映了剩余污泥脱水性能的好坏,SRF的值越大,则剩余污泥脱水性能越差。将裁剪好的滤纸放入布氏漏斗中,缓慢加入剩余污泥样本,在0.04 MPa的真空压力下抽滤,直到漏斗中的污泥出现裂缝后停止抽滤,此时剩余污泥的t/V与V呈正比关系,根据污泥比阻计算公式求出相应剩余污泥比阻(SRF)。计算公式见式(1-2)、式(1-3)。

5.1.4.3　泥饼含水率的测定

泥饼含水率的测定过程:取100 mL调理后的污泥倒入布氏漏斗中,在真空压力为0.04 MPa的负压下进行抽滤脱水后,待30 s内不再有滤液从布氏漏斗中滤出就停止抽滤,取下泥饼,并去皮,在含水率测定仪中放入3～5 g的泥饼,然后开始测定,直到测定完成读取仪器上的数据,即为泥饼的含水率。

5.1.4.4　污泥热重分析

分别取原剩余污泥,pH值为4的、高铁酸钾粉末(0.07 g)和PAM试剂(0.03 g)三因素耦合调理后的剩余污泥各4～6 g,将两份污泥样品在过滤装置中进行过滤,使污泥含水率降到85%以下,然后进行热重(TG-DTG)分析。

5.1.4.5　污泥粒径分析

分别取原剩余污泥,pH值为4、高铁酸钾粉末(0.07 g)和PAM试剂(0.03 g)三因素耦合调理后的剩余污泥各3～5 g,将两份污泥样品在过滤装置中进行过滤,将污泥含水率降到80%以下,然后进行污泥的粒径分析。

5.2　结果与讨论

5.2.1　单因素实验

5.2.1.1　高铁酸钾改善污泥脱水性能

高铁酸钾不同的投加量对剩余污泥脱水性能改善的影响如图5-1～图5-3所示。

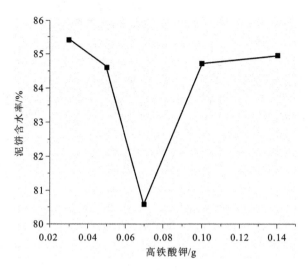

图 5-1　高铁酸钾对泥饼含水率的影响

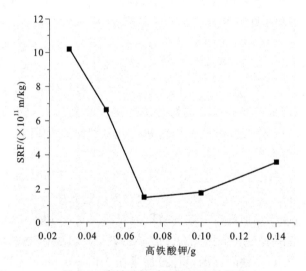

图 5-2　高铁酸钾对污泥 SRF 的影响

　　由图 5-1～图 5-3 可知,经过高铁酸钾处理后,原污泥絮体发生有效的破碎,并释放出有机质,使污泥的脱水性能得到极大的改善。高铁酸钾的投加量范围在 0.03～0.14 g 之间,在此范围内高铁酸钾对改善污泥的脱水性能具有一定的促进作用。剩余污泥的含水率、污泥比阻(SRF)及泥饼含水率随高铁酸钾投加量的增加呈先降低后升高的趋势,并在高铁酸钾的投加量达到 0.07 g 时,剩余污泥的含水率、污泥比阻(SRF)及泥饼含水率均达到最佳值,泥饼含水率降至80.58%,降幅

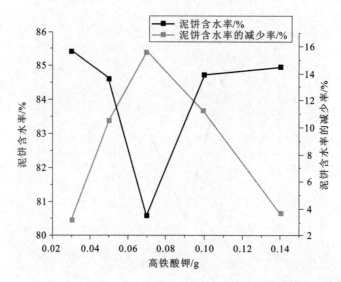

图 5-3 高铁酸钾对泥饼含水率及其减少率的影响

达到了 15.6%，由于高铁酸钾具有较强的氧化性，污泥的菌胶团和 EPS 得到氧化，从而导致污泥的絮体结构和其胞外聚合物瓦解，污泥颗粒内部的结合水释放出来，较大颗粒的污泥絮体变为粒径较小的污泥颗粒，同时随着高铁酸钾投加量的不断增加，剩余污泥的含水率不再出现大幅度下降现象，在高铁酸钾的投加量达到 0.10 g 后，泥饼的含水率以及污泥比阻（SRF）都发生明显的回升，这是因为高铁酸钾产生的 $Fe(OH)_3$ 胶体开始发挥其絮凝作用，从而使污泥的脱水性能得到明显的改善。Jiang 等认为高铁酸钾改善污泥脱水性能的机理是利用其氧化性分解污泥絮体结构，使泥饼含水率降低，提高了污泥的沉降性能，从而使污泥脱水性能得到改善。但是过量的高铁酸钾又会破坏污泥的菌胶团和 EPS，从而生成粒径更小的污泥颗粒，在过滤的过程中导致滤纸堵塞，使污泥得滤性能减弱。

因此，高铁酸钾的投加量在一定的范围内对污泥脱水性能改善具有促进作用，但是超过一定的范围后对剩余污泥脱水性能的改善作用会明显减弱，甚至会对污泥脱水起到抑制作用，高铁酸钾的最佳投加量在 0.06～0.08 g 之间。

5.2.1.2 酸度改善污泥脱水性能

酸度的变化值对剩余污泥脱水性能改善的影响如图 5-4～图 5-6 所示。

硫酸具有较强的酸性和氧化性，可以破坏污泥的胶态结构，引起污泥絮体表面 EPS 的部分氧化和重组，从而使污泥的脱水性能得到改善。由图可以明显看出，污泥的 CST、污泥比阻（SRF）及泥饼的含水率随 pH 值的增加呈先降低后升高的趋势，并在 pH 值为 4 时，污泥的 CST、污泥比阻（SRF）及泥饼含水率均达到最佳值，污泥含水率降至 50%,降幅达到了 85%。但随着 pH 值的不断增大,污泥的含水率不再下降,在 pH 值超过 4 之后,污泥的 CST、污泥比阻(SRF)以及泥饼含水率都发生明显的回升现象。根据实验结果和实验数据,酸性强弱对污泥脱水性能改善既有促进作用,也有抑制作用。但当污泥的 pH 值为 4 时,对剩余污泥脱水性能的改善作用效果最好,这就说明 pH 值在一定范围内对污泥的脱水性能改善具有促进作用,此时 pH 值的最佳值范围在 3~5 之间。

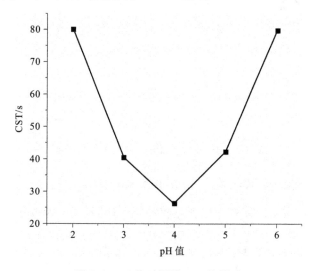

图 5-4　pH 值对污泥 CST 的影响

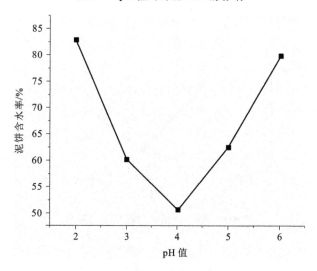

图 5-5　pH 值对泥饼含水率的影响

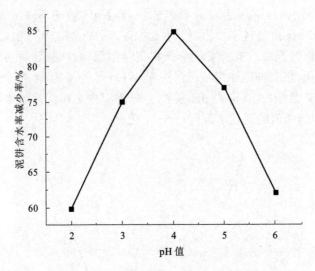

图 5-6　pH 值对泥饼含水率减少率的影响

5.2.1.3　PAM 试剂改善污泥脱水性能

PAM 试剂对剩余污泥脱水性能改善的影响如图 5-7～图 5-9 所示。

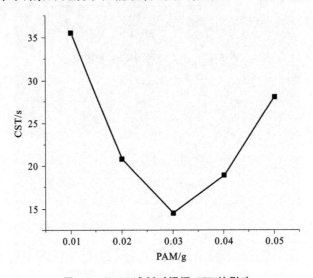

图 5-7　PAM 试剂对污泥 CST 的影响

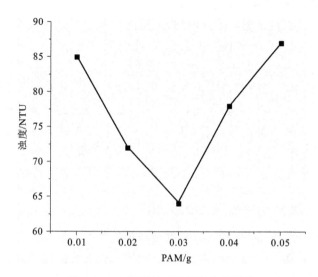

图 5-8　PAM 试剂对污泥浊度的影响

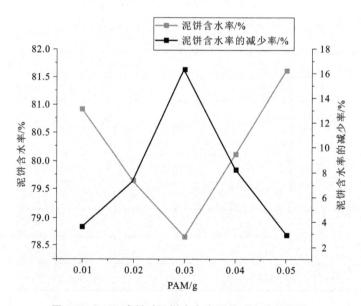

图 5-9　PAM 试剂对泥饼含水率及其减少率的影响

可以看出,PAM 试剂投加量的范围在 0.01~0.05 g 之间,剩余污泥的 CST、离心后上清液浊度以及泥饼的含水率随 PAM 投加量增加呈现出先降低后升高的趋势,并在 PAM 试剂的投加量为 0.03 g 时,污泥的 CST、离心后上清液浊度以及泥饼的含水率均达到最佳值,此时,污泥的 CST 减少到 14.5 s,泥饼的含水率减少到78.65％,泥饼含水率减少率达到16.34％。

随着 PAM 试剂投加量的不断增加,污泥泥饼的含水率不再发生下降,在投加量达到 0.03 g 时,泥饼含水率达到最小值,此时泥饼含水率为 78.65％,当 PAM 试剂投加量超过 0.03 g 时,泥饼含水率反而在不断地上升,说明 PAM 试剂在一定范围内对污泥脱水性能改善具有促进作用,并且可以得出 PAM 试剂的最优投加量在 0.02～0.04 g 之间。邓惠萍等做了 PAM 试剂改善污泥脱水性能的研究,认为当阳离子型 PAM 试剂的最佳投加量为 0.03 g 时,PAM 试剂的絮凝作用达到最佳,与此同时污泥脱水性能改善效果达到最好,污泥比阻在 0.04 MPa 下进行泥饼含水率的测定,并与原污泥泥饼含水率相比,发现泥饼含水率减少至 72.6％。

5.2.2　三因素耦合模型方差分析

在经过单因素实验确定 pH 值、高铁酸钾投加量及 PAM 试剂投加量的最佳范围值分别为 2～6、0.03～0.14 g 和 0.01～0.05 g,然后把这些数据输入 Design-Expert 8.0 软件,按照 Central-Composite 实验方法进行实验,实验结果见表 5-4。实验得到响应值的二次回归方程模型,并对表中的响应值进行分析,得到方程的方差分析结果。

表 5-4　　　　　　　　　　　响应曲面实验及结果

编号	编码值			泥饼含水率/％		污泥 CST/s	
	X_1	X_2	X_3	真实值	预测值	真实值	预测值
1	0	1	1	78	77	34	33
2	1	0	−1	76	77	37	38
3	0	1	1	70	70	15	15
4	−1	0	1	75	76	36	37
5	0	−1	−1	74	74	35	35
6	−1	0	1	71	70	15	14
7	1	1	1	76	76	36	36
8	1	0	−1	73	72	37	36
9	0	0	0	72	72	14	14
10	−1	−1	1	76	77	38	39
11	0	0	0	77	77	39	39

续表

编号	编码值			泥饼含水率/%		污泥 CST/s	
	X_1	X_2	X_3	真实值	预测值	真实值	预测值
12	1	1	−1	75	75	37	37
13	0	−1	1	72	73	16	17
14	−1	0	0	71	71	15	15
15	1	1	0	76	75	38	37
16	0	0	1	77	77	39	39
17	−1	1	0	78	77	40	39

5.2.2.1 污泥的 CST 模型方差分析

污泥的 CST 的多元二次回归方程模型为:

$$CST = 15.12 - 0.17X_1 - 0.45X_2 - 0.23X_3 + 0.70X_1X_2 + 0.56X_1X_3 -$$
$$0.97X_2X_3 + 10.01X_1^2 + 11.07\ X_2^2 + 10.83X_3^2 \tag{5-2}$$

在式(5-2)中,通过该方程的各项系数可知,该方程的抛物面开口向上,并且方程具有极小值点,因此能够得到相应的最优值点。同时能够对方程进行最优分析,然后对该方程模型进行真实性检测和方差分析,结果见表 5-5。

表 5-5 **污泥 CST 回归方程模型的方差分析**

来源	平方和	自由度	均方	F	$P(\text{Prob}>F)$
	SS	DF	MS		
模型	207.01	9	23.00	1.87	0.2105
X_1	0.13	1	0.13	0.010	0.9225
X_2	18.00	1	18.00	1.46	0.2655
X_3	15.13	1	15.13	1.23	0.3040
X_1X_2	4.00	1	4.00	0.33	0.5862
X_1X_3	42.25	1	42.25	3.44	0.1062
X_2X_3	16.00	1	16.00	1.30	0.2915
X_1^2	31.27	1	31.27	2.54	0.1548
X_2^2	37.27	1	37.27	3.03	0.1252

续表

来源	平方和	自由度	均方	F	$P(\mathrm{Prob} > F)$
	SS	DF	MS		
X_3^2	31.27	1	31.27	2.54	0.1548
残差	86.05	7	12.29		
拟合不足	71.25	3	23.75	6.42	0.0522
误差	14.80	4	3.70		
总误差	293.06	16			

通过结果可以得出，曲面响应回归模型的 F 值为 1.87，表明该模型对应的真实度较高，具有相当典型的代表性，能够以较高的准确度表示真实值；模型的校正系数 R_{adj}^2 为 0.9794，表明该模型可以解释约 98% 的曲面响应值变化，只有总变异的 2% 左右不能用该模型解释，与此同时，该模型的回归系数 R^2 接近 1 时，说明该模型的准确度非常接近真实值；该模型回归系数为 0.9613，因此该模型拟合度极好。综上所述，可以对 pH 值、高铁酸钾和 PAM 试剂联合调理不同酸性和投加量条件下的污泥的 CST 进行预测。

预测值和实验值的对比见图 5-10。由图 5-10 可以明显看出，图中直线的斜率接近 1，这说明在极高的水平上可以用该模型代替实验真实值对实验结果进行方差分析。

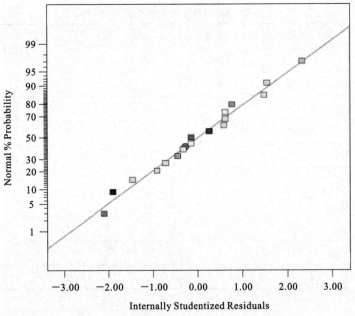

图 5-10　污泥 CST 的真实值和预测值的对比

5.2.2.2 污泥泥饼含水率的模型方差分析

泥饼含水率的多元二次回归方程模型为：

$$WC = 72.15 + 0.33X_1 + 0.51X_2 - 0.052X_3 - 0.79X_1X_2 -$$
$$1.39X_1X_3 + 0.70X_2X_3 - 1.27X_1^2 + 2.51X_2^2 + 3.23X_3^2 \quad (5\text{-}3)$$

在式(5-3)中,通过方程系数可知,该方程的抛物面开口向上,并且有极小值点,能够找到该曲面响应值的最佳点,从而能够进行曲面响应的最优分析。通过对该方程的准确度检验和方差分析,能够得到相应的结果,见表 5-6,其中二次曲面响应回归模型的 F 值为 7.66,表明该模型具有较高的准确度和精准度,能够很好地体现出真实性。模型的校正系数 R_{adj}^2 为 0.9668,表明该模型可以解释 97% 左右的响应值变化,该模型回归系数 R^2 为 0.9254,从而说明模型与真实值实验相似,可以对 pH 值、高铁酸钾和 PAM 试剂联合调理不同的酸性和投加量条件下的泥饼含水率进行预测。

表 5-6 **泥饼含水率回归方程模型的方差分析**

来源	平方和	自由度	均方	F	$P(\text{Prob} > F)$
	SS	DF	MS		
模型	101.89	9	11.32	7.66	0.0068
X_1	8.10	1	8.10	5.48	0.0518
X_2	0.36	1	0.36	0.25	0.6346
X_3	4.50	1	4.50	3.04	0.1245
X_1X_2	0.25	1	0.25	0.17	0.6932
X_1X_3	0.13	1	0.13	0.089	0.1245
X_2X_3	2.52	1	2.52	1.71	0.2329
X_1^2	19.01	1	19.01	12.86	0.0089
X_2^2	29.01	1	29.01	19.63	0.0030
X_3^2	27.41	1	27.41	18.54	0.0035
残差	10.35	7	1.48		
拟合不足	6.35	3	2.12	2.12	0.2409
误差	4.00	4	1.00		
总误差	112.24	16			

泥饼含水率预测值和实验值的对比见图 5-11。由图 5-11 预测值与预测值的对比，可以得出该模型可以代替真实测量。

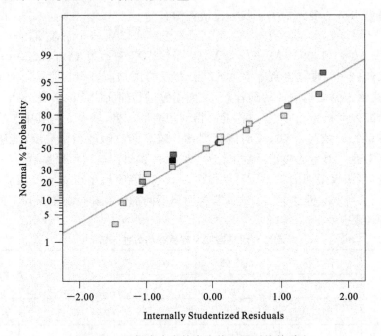

图 5-11　泥饼含水率的真实值和预测值的对比

5.2.3　响应曲面与参数优化

为了更加直观地说明 pH 值、高铁酸钾和 PAM 试剂联合调理对污泥泥饼含水率和 CST 的影响以及表征曲面响应函数的性能，使用 Design-Expert 8.0 软件做出等高线图以及响应曲面图。

5.2.3.1　污泥 CST 响应曲面图与参数优化

污泥 CST 曲面响应等高线图以及响应曲面图，如图 5-12～图 5-17 所示。

图 5-12 和图 5-13 为 PAM 试剂投加量为 0.03 g 时，不同 pH 值和高铁酸钾的投加量条件对污泥 CST 的影响。从响应曲面图中可以明显看出，污泥的 CST 随高铁酸钾投加量的增加呈现出先减小后增加的趋势，高铁酸钾的作用效果达到最佳时有一定的投加量范围。同理可以看出，污泥 CST 随着 pH 值的增加在一定范围内呈下降趋势，但是超过一定值后，污泥的 CST 又会出现明显的回升。

图 5-14 和图 5-15 为高铁酸钾投加量为 0.07 g 时，不同 pH 值和 PAM 试剂投加量条件对污泥 CST 的影响。由响应曲面图可知，随着 PAM 试剂投加量和 pH 值的不断增加，污泥的 CST 在总体上呈现出先下降后上升的趋势，但是两者都有

一定的作用范围,当超出这一范围时污泥的 CST 会发生回升。

　　图 5-16 和图 5-17 是 pH 值为 4 时,高铁酸钾和 PAM 试剂的投加量对污泥的 CST 的影响,污泥的 CST 随高铁酸钾和 PAM 试剂投加量的增加呈先减小后增大的趋势,两者的作用效果都有一定的范围,当超过一定范围后,污泥的 CST 就会产生明显的回升。综上所述,需要对不同的 pH 值、高铁酸钾和 PAM 试剂的投加量进行最优化组合,以便使污泥的 CST 降至最低。

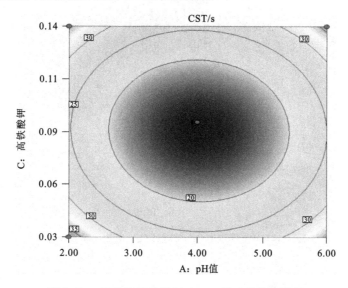

图 5-12　pH 值和高铁酸钾对 CST 影响的等高线图

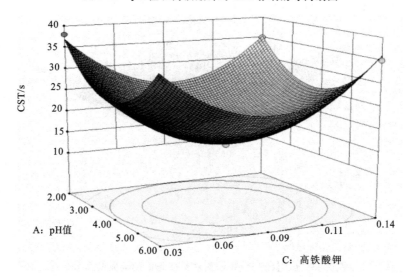

图 5-13　pH 值和高铁酸钾对 CST 影响的响应曲面图

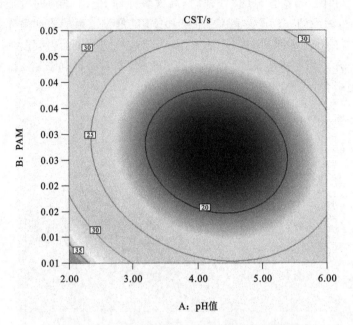

图 5-14 pH 值和 PAM 试剂对 CST 影响的等高线图

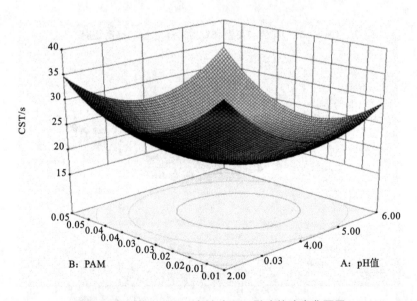

图 5-15 pH 值和 PAM 试剂对 CST 影响的响应曲面图

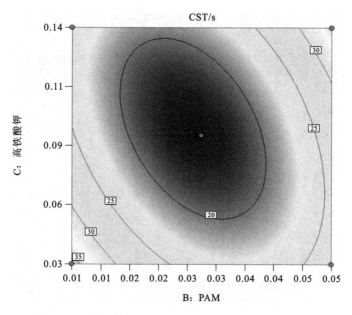

图 5-16　高铁酸钾和 PAM 试剂对 CST 影响的等高线图

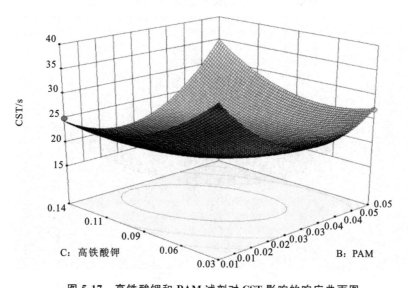

图 5-17　高铁酸钾和 PAM 试剂对 CST 影响的响应曲面图

5.2.3.2 污泥泥饼含水率响应曲面图与参数优化

污泥泥饼含水率等高线图以及响应曲面图，见图 5-18～图 5-23。

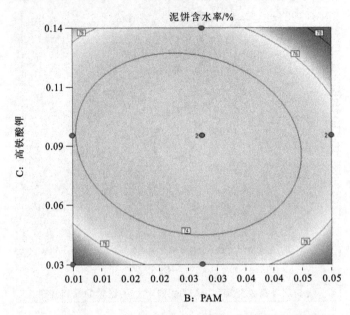

图 5-18　PAM 试剂和高铁酸钾对泥饼含水率影响的等高线图

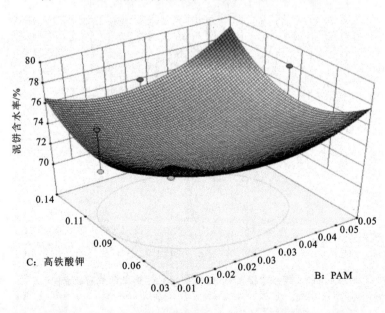

图 5-19　PAM 试剂和高铁酸钾对泥饼含水率影响的响应曲面图

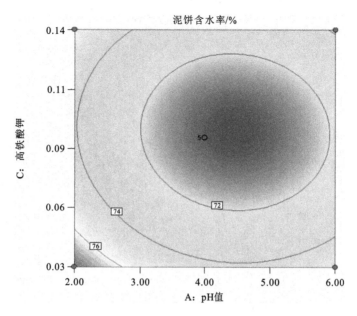

图 5-20　pH 值和高铁酸钾对泥饼含水率影响的等高线图

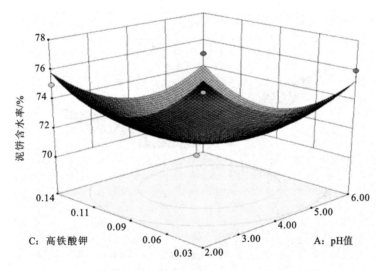

图 5-21　pH 值和高铁酸钾对泥饼含水率影响的响应曲面图

图 5-18 和图 5-19 为 pH 值是 4 时,高铁酸钾和 PAM 试剂投加量的改变对泥饼含水率的影响。由图可知,在一定范围内泥饼含水率随着高铁酸钾投加量的增加呈减小的趋势,但高铁酸钾的投加量超过一定值后,泥饼含水率会产生明显的增大趋势;泥饼含水率随着 PAM 试剂投加量的增加出现缓慢减小的趋势。

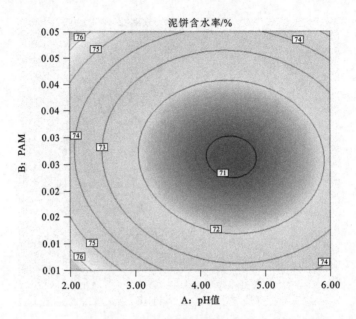

图 5-22   pH 值和 PAM 试剂对泥饼含水率影响的等高线图

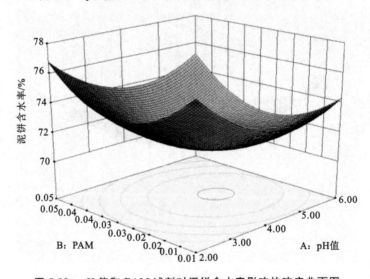

图 5-23   pH 值和 PAM 试剂对泥饼含水率影响的响应曲面图

图 5-20 和图 5-21 为 PAM 试剂的投加量为 0.03 g 时，pH 值和高铁酸钾投加量的变化对泥饼含水率的影响。由图可知，在一定范围内泥饼含水率随着高铁酸钾投加量的增加呈现减小趋势，随着高铁酸钾投加量的不断增加，泥饼含水率会呈现明显的增大趋势；泥饼含水率随着 pH 值的不断增加呈现出先减小后增大的趋势。

图 5-22 和图 5-23 为高铁酸钾投加量为 0.07 g 时，pH 值和 PAM 试剂投加量的变化对污泥泥饼含水率的影响。由图形可知，在一定范围内污泥泥饼含水率随 pH 值的增大呈现出减小的趋势，当 pH 值超出一定范围时，污泥泥饼含水率反而会呈现出增大的趋势。通过以上分析可以得出，pH 值、高铁酸钾和 PAM 试剂都存在最佳值使污泥泥饼含水率达到最小。

污泥的 CST 的回归方程模型在变量 $X_1 = -0.17, X_2 = -0.45, X_3 = -0.23$ 时取得最小值为 12.3 s，在此最佳值的条件下得出相应三因素 pH 值、高铁酸钾和 PAM 试剂投加量的值分别为 4、0.07 g 和 0.03 g。然后将编码变量 X_1、X_2、X_3 的值代入污泥泥饼含水率的回归方程模型，得出污泥泥饼含水率为 70.0%，污泥泥饼含水率的回归方程在变量 $X_1 = 0.33, X_2 = 0.51, X_3 = -0.052$ 时取得最小值 70.9%，对应的 pH 值、高铁酸钾和 PAM 试剂投加量分别为 4、0.07 g 和 0.03 g。再将污泥泥饼含水率的变量 X_1、X_2、X_3 的值代入污泥 CST 的回归方程中，得出对应条件下污泥的 CST 为 14.2 s。综合考虑实际的经济因素和处理效果，最终选取 pH 值、高铁酸钾和 PAM 试剂投加量的最佳值为 4、0.07 g 和 0.03 g。

5.2.4 三因素最佳值验证

5.2.4.1 污泥泥饼含水率结果验证

为了检验曲面响应模型方程最佳条件的准确性和实用性，在 pH 值、高铁酸钾和 PAM 试剂最佳值分别为 4、0.07 g 和 0.03 g 条件下进行验证实验，此时通过实验得到的数据结果为：泥饼含水率为 (70.0±0.24)%，与模型预测值基本吻合。

5.2.4.2 污泥毛细吸水时间（CST）结果验证

通过实验测定并分析原污泥与单因素最优值调理剩余污泥及酸化高铁酸钾协同 PAM 试剂联合调理后剩余污泥的 CST 有利于进一步验证污泥脱水的最优条件。实验中取 5 个相同的 250 mL 烧杯分别编号为 1、2、3、4、5。然后向每个烧杯中加入 100 mL 的剩余污泥样本，在编号为 2 的烧杯中加入 0.07 g 高铁酸钾并搅拌均匀；在编号为 3 的烧杯中加入硫酸并通过 pH 测定仪将污泥样本的 pH 值调制到 4；在编号为 4 的烧杯中加入 0.03 g PAM 试剂并通过玻璃棒搅拌均匀；在编号为 5 的烧杯中加入 0.07 g 高铁酸钾和 0.03 g PAM 试剂同时将污泥的 pH 值调制为 4；编号为 1 的烧杯中只有原污泥样本。

用 CST 测定仪进行实验并记录其数据结果，如图 5-24 所示。

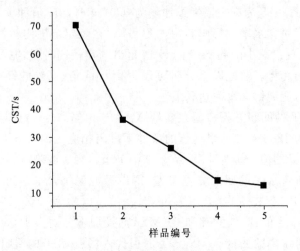

图 5-24　CST 验证实验结果

由图 5-24 可知，实验测得原污泥的 CST 为 70.1 s，高铁酸钾调理后的污泥 CST 为 36.5 s，硫酸调理后的污泥 CST 为 26.1 s，PAM 调理后的污泥 CST 为 14.5 s，酸化高铁酸钾协同 PAM 试剂联合调理后的污泥 CST 为 12.3 s；CST 的值越低，说明污泥的渗透能力就越强，絮凝效果越好，污泥越容易脱水。最后的实验结果表明，剩余污泥在 pH 值、高铁酸钾和 PAM 试剂分别为 4、0.07 g 和 0.03 g 的耦合调理条件下 CST 达到最佳值，此时 CST 的最佳值为 12.3 s。

5.2.4.3　污泥比阻（SRF）结果验证

对原剩余污泥、单独加入高铁酸钾调理后污泥、单独投加 PAM 试剂调理后污泥、单独加入硫酸酸化调理后污泥、酸化高铁酸钾协同 PAM 试剂调理后污泥的效果进行分析比较。实验中取 5 个相同的 250 mL 的烧杯，分别编号为 1、2、3、4、5。然后向每个烧杯中加入 100 mL 原剩余污泥样本，在编号为 2 的烧杯中加入 0.07 g 的高铁酸钾并搅拌均匀；在编号为 3 的烧杯中加入硫酸并通过 pH 测定仪将污泥样本的 pH 值调制到 4；在编号为 4 的烧杯中加入 0.03 g PAM 试剂并通过玻璃棒搅拌均匀；在编号为 5 的烧杯中加入 0.07 g 的高铁酸钾和 0.03 g 的 PAM 试剂同时将污泥的 pH 值调制为 4；编号为 1 的烧杯中只有原污泥样本。使用污泥比阻测定仪在 0.04 MPa 真空压力条件下测定污泥比阻（SRF）并记录结果，见图 5-25。

在 1 号烧杯中测得污泥比阻（SRF）为 7.9×10^{12} m/kg、在 2 号烧杯中测得污泥比阻（SRF）为 2.94×10^{12} m/kg、在 3 号烧杯中测得污泥比阻（SRF）为 1.56×10^{12} m/kg、在 4 号烧杯中测得污泥比阻（SRF）为 1.07×10^{12} m/kg、在 5 号烧杯中测得污泥比阻（SRF）为 3.39×10^{11} m/kg，如图 5-25 所示。酸化处理、高铁酸钾和 PAM 均对城市好氧污泥脱水性能的改善起到促进作用。在 pH 值、高铁酸钾和

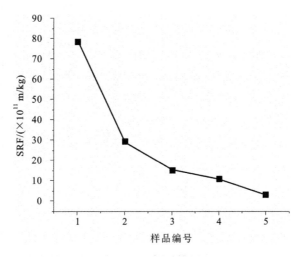

图 5-25　SRF 验证实验结果

PAM 的最佳值分别为 4、0.07 g 和 0.03 g 的耦合调理条件下好氧污泥脱水性能改善效果达到最佳,此时污泥比阻(SRF)为 3.39×10^{11} m/kg,这样的结果与通过 Design-Expert 8.0 软件所得到的结果相似。因此,酸化高铁酸钾协同 PAM 试剂联合调理对城市好氧污泥的脱水性能改善具有十分明显的效果。

5.2.5　污泥热重结果分析

准备原剩余污泥,pH 值为 4、高铁酸钾粉末(0.07 g)和 PAM 试剂(0.03 g)三因素耦合调理后的剩余污泥各一份,然后将这两份污泥同时在升温速率为 10.0 K/min,通气速率为 25 mL/min 的条件下对样品进行热重处理,热重处理的结果在一定时间后会以曲线图的形式表示出来,见图 5-26。

由图 5-26(a)可知,原剩余污泥 TG 曲线中有比较明显的失重阶段,且该失重段温度范围在 63.43～100 ℃之间,此时峰值温度为 86.07 ℃,对应 DTG 曲线也有一段失重峰。由图可知,该段的失重率为 19.38%/min,该段失重的原因是污泥内部的水分蒸发所致,这是分析剩余污泥脱水性能时很好的参照依据;在 86.07 ℃时,质量减少 19.38%,当热解终止温度为 599.27 ℃时,残留质量为 6.16%;在 300～599.27 ℃阶段热重损失,主要是脂肪等有机物的分解导致的,在一定温度下大分子有机物分子键断裂会使挥发组分大量析出。

由图 5-26(b)可知,酸化高铁酸钾协同 PAM 试剂耦合调理后的剩余污泥,TG 曲线也有一个明显的失重段,该温度范围在 67.59～92.32 ℃之间,此时峰值温度为92.32 ℃,对应 DTG 曲线也有一个阶段的失重峰,失重率为 25.92%/min,在 92.32 ℃时,质量减少 25.92%,热解终止温度为 599.37 ℃时,残留质量为 5.06%。

两组实验结果相比较可知,原污泥和三因素调理后的污泥的脱水失重峰温度

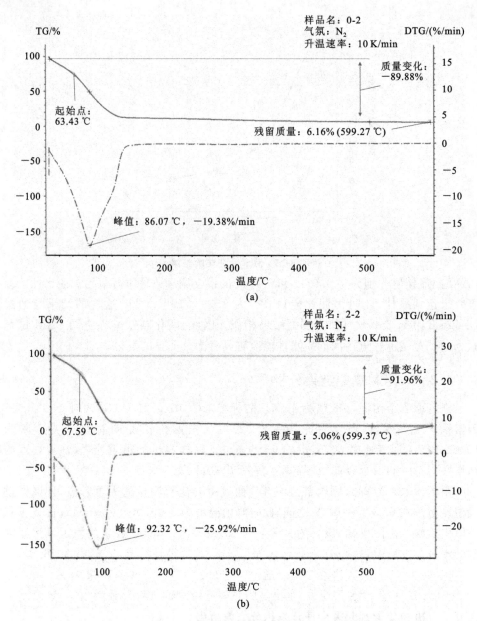

图 5-26　原污泥和酸化高铁酸钾协同 PAM 试剂耦合调理污泥的热重曲线

（a）原污泥；（b）调理后污泥

和初始温度明显发生滞后，这可能是由于原剩余污泥本身在结构上具有很强的吸水能力，酸化高铁酸钾协同 PAM 试剂耦合处理后的污泥失重峰温度最高，可能是因为 PAM 试剂的絮凝作用将污泥的粒径增大所致。絮凝后的污泥深度脱水失重峰温度和初始温度明显后滞现象说明,经过三因素处理后的污泥中水分更容易被脱除。最终的热重分析结果说明,酸化高铁酸钾协同 PAM 试剂耦合处理对剩余污泥脱水性能起到明显的改善作用。

5.2.6　污泥粒径结果分析

分别取原剩余污泥,pH 值为 4、高铁酸钾粉末(0.07 g)和 PAM 试剂(0.03 g)三因素耦合调理后的剩余污泥各 4~6 g,将两份污泥样品在过滤装置中进行过滤,将污泥含水率降到 85% 以下,然后对这两份污泥样品进行粒径分析处理,粒径分析处理的结果在一定时间后会以曲线图的形式表示出来。

污泥粒径分析处理结果见图 5-27、图 5-28。

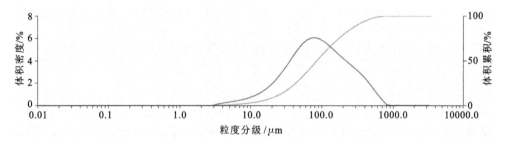

图 5-27　原污泥的粒径分析曲线

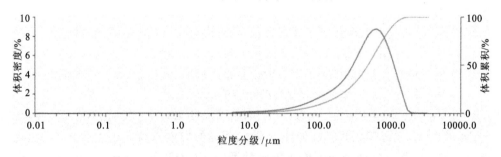

图 5-28　酸化高铁酸钾协同 PAM 试剂耦合调理污泥的粒径分析曲线

由图 5-27 可知,原污泥的粒径分析曲线存在比较明显的峰值频率,且此时粒度分级在 80 μm 左右,浓度为 0.06%,污泥颗粒间的径距为 3.422 μm,一致性为 1.025,对应的比表面积为 125.6 m^2/kg,污泥颗粒的最大粒径只有 314 μm。污泥之间的径距和污泥颗粒的粒径都较小,因此污泥的脱水性能较差。

由图 5-28 可知,酸化高铁酸钾协同 PAM 试剂耦合调理后的剩余污泥,粒径分析曲线也有一个明显的峰值,在此峰值下的粒度分级在 600 μm 左右,浓度为 0.08%,污泥颗粒间的径距为 1.929 μm,一致性为 0.586,对应的比表面积为 29.33 m^2/kg,污泥颗粒的最大粒径达到 1040 μm。

与原污泥的粒径分析所得到的数据相比较,污泥颗粒间的径距、一致性和对应的比表面积都有大幅度的降低,污泥颗粒的粒径也有很大幅度的增大,这是因为PAM作为絮凝剂可以使污泥絮体之间产生絮凝作用,从而使污泥颗粒的粒径增大,污泥颗粒间的径距减小。因此通过粒径分析可以得出,与原污泥相比,酸化高铁酸钾协同PAM试剂耦合调理后的剩余污泥的脱水性能得到很大的改善。

5.3 结　　论

通过单因素实验可以得出单因素调理的剩余污泥的最佳值范围,用Design-Expert 8.0软件得出响应曲面图和方差分析得出三因素耦合最佳作用值,通过污泥CST、污泥泥饼含水率、污泥比阻(SRF)等指标验证实验,得到如下结论:

（1）pH值、高铁酸钾和PAM试剂三因素联合调理能够明显改善剩余污泥的脱水性能,且调理污泥的pH值和药剂量最佳范围分别为 $3\sim5$、$0.06\sim0.08$ g 和 $0.02\sim0.04$ g。

（2）二次响应曲面法(RSM)建立的污泥CST和污泥泥饼含水率的预测模型,模型的回归系数分别为0.9613和0.9254,响应曲面的拟合度较好,实验误差较小,因此可以预测在pH值、高铁酸钾和PAM试剂不同投加量下的污泥CST和污泥泥饼含水率。

（3）通过实验数据和图形可知,pH值、高铁酸钾和PAM试剂的最佳值分别为4、0.07 g和0.03 g。此时污泥的CST减少到12.3 s,污泥泥饼含水率含水率减少至70.0%。最终的实验结果表明,污泥泥饼含水率为(70.0 ± 0.24)%,污泥的CST为(12.3 ± 0.65)s,与回归方程模型预测值基本一致。

（4）污泥热重结果显示,与原污泥相比,当pH值(4)、高铁酸钾(0.07 g)和PAM试剂(0.03 g)三因素耦合处理污泥后,污泥的失重峰温度和初始温度都出现比较明显的前移,这说明pH值(4)、高铁酸钾(0.07 g)和PAM试剂(0.03 g)耦合处理污泥后,其脱水性能得到明显的改善。

（5）污泥粒径分析结果显示,经过三因素最佳值pH值(4)、高铁酸钾(0.07 g)和PAM试剂(0.03 g)耦合处理污泥后,污泥颗粒间的径距、一致性和对应的比表面积都有大幅度的降低,污泥颗粒的粒径也有很大幅度的增大,污泥粒度分级的峰值出现很大幅度的后移,这说明污泥的脱水性能有更好的改善效果。

参考文献

[1]　戴晓虎. 我国城镇污泥处理处置现状及思考[J]. 给水排水,2012,2:1-5.

［2］ 赵乐乐,冯伟,缪静.城镇污泥处理技术应用现状及发展趋势[J].广州化工,2016,(5):35-36,54.

［3］ 宋亚瑞.高铁酸钾的稳定性及其氧化甲苯制苯甲醛的研究[D].大庆:大庆石油学院,2005.

［4］ 冯银芳. 高铁酸钾——超声联合对印染污泥溶胞及脱水性能的影响研究[D].广州:广东工业大学,2015.

［5］ Jiang J Q,Wang S,Panagoulopoulos A. The exploration of potassium ferrate（Ⅵ）as a disinfectant/coag-ulant in water and wastewater treatment[J]. Chemosphere,2006,63（2）:212-219.

［6］ 刘晓娜,孙幼萍,谭燕,等.PAM 絮凝剂对污泥脱水性能的影响研究[J].广西轻工业,2011,27(2):96-97.

［7］ 汪毅恒,范艳辉,柳海波. 阳离子聚丙烯酰胺（PAM）改善污泥脱水性能的研究[J]. 北方环境,2012,2:105-108.

［8］ 杨兴涛,赵建伟,刘杨,等.阴离子型 PAM 在水厂污泥脱水中的应用[J].供水技术,2007,4:34-36.

［9］ 谢丽辉.聚丙烯酰胺（PAM）对污泥脱水性能的改善[J].广州化工,2012,19:101-103.

［10］ Jin Y Z,Zhang Y F,Li W. Micro-electrolysis technology forindustrial wastewater treatment[J]. Environmental Science,2003,15（3）:334-338.

［11］ Yu G H,He P J,Shao L M,et al. Stratification structureof sludge flocs with implications to dewaterability[J]. Environment Science and Technology,2008,42（2）:7944-7949.

［12］ Dewil R,Baeyens J,Neyens E. Reducing the heavy metal content of sewage sludge by advanced sludge treatment methods[J]. Environmental Engineering Science,200,6(23):995-997.

［13］ 洪晨,邢奕,王志强,等.不同 pH 下表面活性剂对污泥脱水性能的影响[J].浙江大学学报:工学版,2014,48(5):850-857,870.

［14］ 何文远,杨海真,顾国维.酸处理对活性污泥脱水性能的影响极其作用机理[J].环境污染与防治,2006,28（9）:680-683.

［15］ Chen Y G,Chen Y S,Gu G W. Influence of pretreating activated sludge with acid and surfactant prior to conventional conditioning on filtration dewatering[J]. Chemical Engineering Journal,2004 99(2):137-143.

［16］ 郭敏辉.化学调理改善活性污泥脱水性能的研究[D].杭州:浙江大学,2014.

［17］　谢敏,施周,杨园晶,等.水厂排泥水处理的化学调质研究［J］.湖南大学学报,2006,33(4):31-35.

［18］　伍远辉,罗宿星,翟飞,等.类芬顿试剂耦合超声对活性污泥脱水性能的影响［J］.环境工程学报,2016,10(5):2655-2659.

［19］　曹秉帝,张伟军,王东升,等.高铁酸钾调理改善活性污泥脱水性能的反应机制研究［J］.环境科学学报,2015,35(12):3805-3814.

［20］　郭宇衡.高铁酸钾对污泥的脱水减量研究［D］.广州:华南理工大学,2013.

［21］　Montgomery D C. Design and analysis of experiments［M］. 3 rd. New York:John Wiley and Sons,1991.

［22］　Ye F X,Liu X W,Li Y. Effects of potassium ferrate on extracellular polymeric substances (EPS) and physicochemical properties of excess activated sludge［J］.Journal of Hazardous Materials,2012(199-200):158-163.

［23］　黄中林,宫常修,蒋建国,等. Fenton 氧化对污泥脱水性能和溶解性物作用效果的研究［J］. 环境工程,2012, 30 (S2):573-576.

［24］　邓惠萍,梁超,许建华. PAM 在给水厂排泥水处理中的调质作用及机理探讨［J］.给水排水,2004,30(6):14-18 .

6 超声波 PAM 协同硫酸钙
改善污泥脱水性能研究

6.1 材料与方法

6.1.1 材料与仪器

本实验是以××市污水处理厂剩余活性污泥作为研究对象,其主要性质为含水率 97.72%、离心沉降比 42%、CST 27.3 s,浊度 270 NTU。

6.1.2 测定指标

6.1.2.1 离心干基上清液比值测定

取污泥 V_1(mL)于离心试管中,在离心机中以 1500 r/min 的转速离心处理 90 s,离心处理后,将试管拿出,观察到泥水分离,将上清液倒进 10 mL 量筒中,读取上清液体积 V_2(mL)。

离心干基上清液比值计算公式如下:

$$K = \frac{V_2}{V_1 - V_2} \times 100\% \tag{6-1}$$

6.1.2.2 离心污泥上清液浊度测定

先用便携式浊度仪进行空白试验,测其空白实验浊度值为 $Z_1 = 3$ NTU,然后进行离心上清液浊度测定,测定前将试管擦干净,以减少实验误差,测其上清液浊度为 Z_2。为精确其浊度值,再测两次读取其值为 Z_3、Z_4。取 Z_1、Z_2、Z_3 的平均值,再进行折算得出上清液浊度真实值 Z。

$$Z = \frac{Z_2 + Z_3 + Z_4}{3} - Z_1 \qquad (6\text{-}2)$$

6.1.2.3　污泥毛细吸水时间(CST)的测定

开启毛细吸水时间测定仪,按下测试键,将调理好的污泥样品约 7 mL 倒入不锈钢漏斗内,随后会听到机器报警声响,机器记录时间开始,等第二声报警声响起计时结束。读取并记录其毛细吸水时间(CST)值。

6.1.2.4　泥饼含水率的测定

取 100 mL 污泥样品调理后倒入布氏漏斗中,将污泥比阻实验装置的真空值调至 0.03～0.04 MPa 的负压下进行抽滤脱水,等 30 s 内不再滴水时停止抽滤,取出泥饼于电子天平进行称重,称其泥饼质量为 W_1。然后取 3～5 g 泥饼泥样置于卤素水分测定仪中,在 120 ℃下测定其泥饼的含水率。待卤素测定仪报警声响后,读取并记录其含水率。

6.2　实验过程、结果与讨论

实验过程分为 4 个阶段,即准备阶段、单因素实验、多因素耦合实验及验证实验。

准备阶段:取××市污水厂的剩余活性污泥,静置 24 h 后,利用倒虹吸将污泥的上清液吸出,得到实验用的污泥。

单因素实验最佳范围值确定:通过控制超声波的作用时间及聚丙烯酰胺和硫酸钙在联合调理剩余活性污泥时的投加量,考察单一因素对××市污水厂污泥脱水性能的影响。根据实验结果由 Origin 8.0 软件确定最佳范围值。

多因素耦合最佳实验值确定:根据单因素实验结果,通过 Design-Expert 8.0软件确定多因素耦合实验内容,对单因素最佳范围值进行编码,具体单因素真实值和对应编码变量的范围和水平见表 6-1。

表 6-1　　　　　　　　　　**真实值和对应编码变量的范围和水平**

因素	代码		编码水平		
	真实值	编码值	−1	0	1
超声波时间/s	ε_1	X_1	30	60	90
PAM 试剂投加量/(mg/mL)	ε_2	X_2	0.1	0.3	0.5
硫酸钙投加量/(mg/mL)	ε_3	X_3	3	3.4	3.8

注: $X_1 = (\varepsilon_1 - 60)/30, X_2 = (\varepsilon_2 - 0.3)/0.2, X_3 = (\varepsilon_3 - 3.4)/0.4$。

根据 Box-Behnken 实验设计原理,在单因素实验的基础上,采用响应曲面设计方法。设该模型的二次多项方程为:

$$Y = \beta_0 + \sum_{i=1}^{3} \beta_i X_i + \sum_{i=1}^{3} \beta_{ii} X_i^2 + \sum \cdot \sum_{i<j=2}^{3} \beta_{ij} X_i X_j \qquad (6-3)$$

式中　Y——预测响应值,本研究响应值为泥饼含水率(%)和离心沉降比(%);

X_i, X_j——自变量代码值;

β_0——影响因素的常数项;

β_i——影响因素的线性系数;

β_{ii}——影响因素的二次项系数;

β_{ij}——影响因素的交互项系数。

按照 Box-Behnken 实验设计的统计学要求,得出 17 组多因素耦合实验内容,根据实验结果,再利用 Design-Expert 8.0 软件,得出拟合方程、方差分析及曲面响应优化结果。

验证实验:曲面响应优化方法得到实验的最佳条件,在该条件下对污泥进行处理,在电动离心机中以 1500 r/min 处理 65 s 后,测离心后的污泥离心沉降比,测出最佳处理后污泥的 CST。取最佳处理后的污泥 100 mL 在污泥比阻实验仪器中以 0.047 MPa 真空压力下进行抽滤,30 s 内不滴水取下泥饼,并测其泥饼的含水率等,确认最佳实验条件的准确性。并通过热重分析,粒度分析曲线进行比较,增加最佳实验条件下的准确性。

6.2.1　单因素实验

6.2.1.1　聚丙烯酰胺(PAM)改善污泥脱水性能

加入不同等量梯度的 PAM 试剂于泥样中以 120 r/min 的转速搅拌使药剂充分反应,并通过离心机进行离心实验,得出其 K 值,同时测其上清液的浊度。考察了 PAM 试剂投加量对污泥脱水性能的影响,PAM 试剂对污泥脱水性能的影响结果如图 6-1 和图 6-2 所示。

由图 6-1 可知,K 值随着 PAM 试剂投加量的增加,呈现出先增加后降低的趋势,并在 PAM 试剂投加量大概为 300 mg/L 时,K 值达到最高即 2.26,并且浊度变化趋势与之相反,先降低后升高,在 PAM 试剂投加量为 300 mg/L 时达到最小值 178 NTU。

由图 6-2 反应的毛细吸水时间(CST)随 PAM 试剂投加量的变化曲线也能很明显地反映出 PAM 试剂投加量对污泥脱水性能的影响。毛细吸水时间(CST)的曲线呈先降低后增高的趋势,并在 PAM 试剂投加量为 300 mg/L 时,毛细吸水时间(CST)达到最低即 18.5 s,这说明此时的污泥脱水性能达到最佳状态。

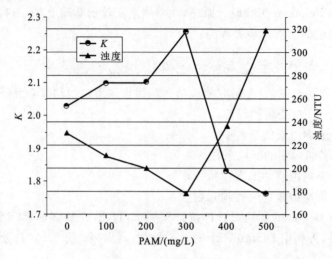

图 6-1　不同等量梯度的 PAM 试剂对污泥 K 值和浊度性能的影响

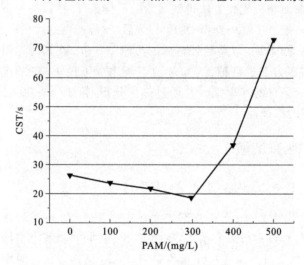

图 6-2　不同等量梯度的 PAM 试剂对污泥 CST 的影响

　　但是图 6-1、图 6-2 的 PAM 试剂的投加梯度比较大，为进一步探讨 PAM 试剂的改善污泥脱水性能的精确值，我们做了精度确定实验，将 PAM 试剂的投加范围为 $300\sim400$ mg/L 进行分段处理，结果如图 6-3、图 6-4 所示。

　　由图 6-3 可知，K 值先升高后降低，浊度先降低后升高，并都在 PAM 试剂投加量为 340 mg/L 时达到最佳效果，K 值最佳为 2.33，浊度最佳值为 160 NTU。与图 6-1 中的最佳值相比，K 值升高了 3.1%，浊度降低了 10.1%。

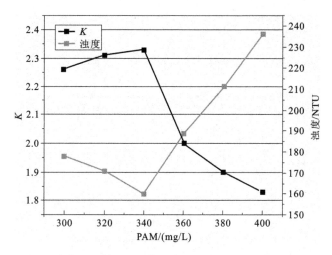

图6-3 分段处理的 PAM 试剂对污泥 K 值和浊度性能的影响

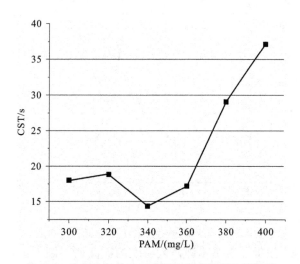

图 6-4 分段处理的 PAM 试剂对污泥 CST 的影响

图 6-4 中的 CST 最低值也为 PAM 试剂投加量为 340 mg/L 时达到最低 14.4 s，相比 PAM 试剂的投加量为 300 mg/L 时的毛细吸水时间（CST）18.5 s 还降低了 4.1 s。这就说明了 PAM 试剂对污泥的脱水性能的改善有良好的促进作用。

6.2.1.2 超声波对污泥脱水性能的改善

为确定超声波对污泥脱水性能改善的最佳功率以及最佳超声时间，用 CST、离心沉降比（%）、浊度等指标进行确认。其结果如图 6-5～图 6-8 所示。

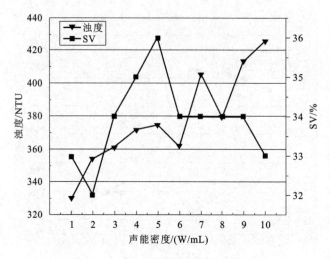

图 6-5　超声波对污泥浊度和 SV 的影响

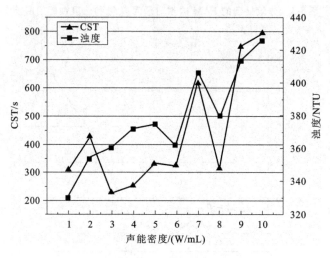

图 6-6　超声波对污泥 CST 和浊度的影响

　　由图 6-5 可知，浊度曲线基本随声能密度的提高而不断增加，浊度最低也高达 330 NTU，而离心沉降比（SV）曲线呈先降低后升高再降低的趋势，在声能密度为 2 W/mL 时，离心沉降比达到最低值 32%。再结合图 6-6 中的毛细吸水时间（CST）曲线来看，没有什么规律可言，但其毛细吸水时间（CST）都超过百秒，说明污泥脱水性能不好，由此可知，在高声能密度条件下，污泥脱水性能会变差。

　　很明显，图 6-7 和图 6-8 中的浊度曲线、离心沉降比（SV）曲线和 CST 的变化趋势大致相同，都呈先降低后升高的趋势，并在声能密度为 0.05 W/mL 时达到最低，相应的浊度值为 180 NTU，离心沉降比（SV）为 33%，CST 为 22.1 s。由此得出结论，超声波在高声能密度下会使污泥脱水性能恶化，而在低声能密度下会促进污泥的脱水性能。其声能密度在 0.03～0.06 W/mL 范围内,污泥脱水性能有了良好的改善。这与其他研究结果相似,超声能量过大或过小都无法改善污泥的脱水性能,更有可能会使污泥的脱水性能恶化。

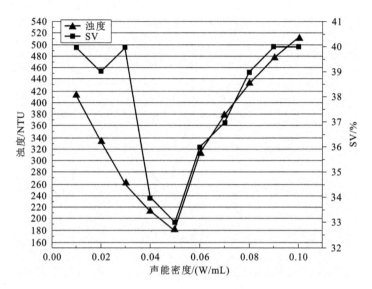

图 6-7　超声波对污泥浊度和 SV 的影响

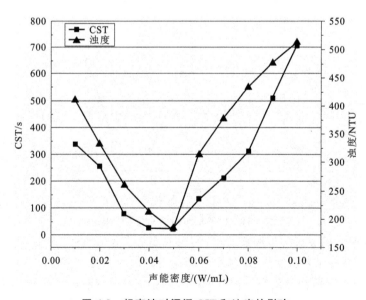

图 6-8　超声波对污泥 CST 和浊度的影响

6.2.1.3 硫酸钙对污泥脱水性能的改善结果

硫酸钙（$CaSO_4$）对污泥脱水性能改善的影响如图6-9～图6-12所示。

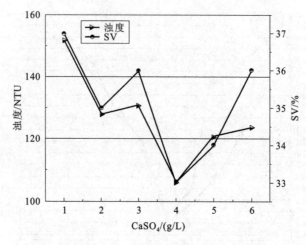

图 6-9 $CaSO_4$ 对污泥浊度和 SV 的影响

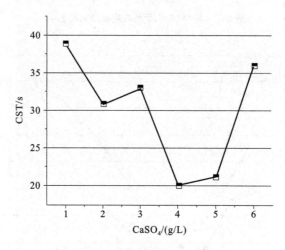

图 6-10 $CaSO_4$ 对污泥 CST 的影响

由图6-9中的曲线可以明显看出,污泥的离心沉降比（SV）和离心后上清液浊度随硫酸钙（$CaSO_4$）投加量的增加呈先降低后升高的趋势,并在硫酸钙（$CaSO_4$）投加量为 4 g/L 时,污泥的离心沉降比（SV）及离心后上清液的浊度均达到最佳值,污泥的离心沉降比（SV）降至 33%,污泥离心后上清液的浊度降至 106 NTU。随着硫酸钙（$CaSO_4$）投加量的不断增加,污泥的离心沉降比（SV）开始回升,污泥的离

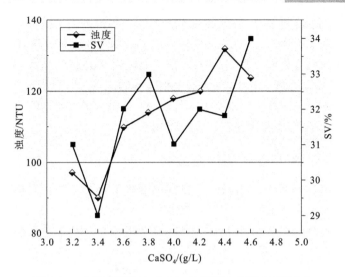

图 6-11 在精度实验中 CaSO$_4$ 对污泥浊度和 SV 的影响

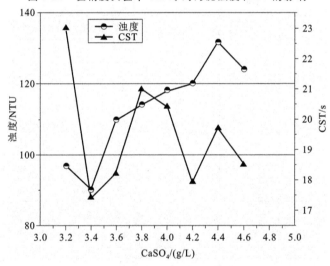

图 6-12 在精度实验中 CaSO$_4$ 对污泥浊度和 CST 的影响

心后上清液同样也呈上升状态。

结合图 6-10 的 CST 曲线图,毛细吸水时间(CST)随着硫酸钙(CaSO$_4$)投加量的不断增加,呈先下降后略有小小的提升随后急剧下降后升高的趋势,并在硫酸钙(CaSO$_4$)投加量为 4 g/L 时,污泥的 CST 值达到最低值 20 s。

由于硫酸钙(CaSO$_4$)投加量 3~4 g/L 范围变化跨度大,未确定其污泥脱水性能的最佳值,因此在这一范围内做了精度实验,结果如图 6-11、图 6-12 所示。在图 6-11 中离心后上清液浊度曲线呈先降低后升高的趋势,在硫酸钙(CaSO$_4$)投加量为3.4 g/L时达到最低值 90 NTU,污泥离心沉降比(SV)呈先降低后升高再降低再升高的趋势，但很明显污泥离心沉降比（SV）在硫酸钙（$CaSO_4$）的投加量为 3.4 g/L 时达最低值 29%。在图 6-12 中，毛细吸水时间（CST）随硫酸钙（$CaSO_4$）投加量的变化曲线呈先降低后升高再急剧降低随后又升高的趋势，有两个极小值点，分别为 3.4 g/L 和 4.2 g/L，对应的毛细吸水时间（CST）分别为 17.4 s 和 18 s，对应的浊度分别为 90 NTU 和 118 NTU。这表明当硫酸钙（$CaSO_4$）投加量为 3.4 g/L 时，对污泥脱水改善性能的促进作用最好。

6.2.2　多因素方差模型方差分析

在单因素实验确定出单因素最佳范围的基础上，通过 Box-Behnken 实验方案可得到多因素耦合作用的结果，如表 6-2 所示。

运用 Design-Expert 8.0 软件可以求得方程式（6-1）中的系数，得到响应值的二次回归方程模型，并对表 6-2 中的响应值进行分析。

表 6-2　　　　　　　　　　　响应曲面实验设计及结果

编号	编码值			泥饼含水率/%		CST/s	
	X_1	X_2	X_3	真实值	预测值	真实值	预测值
1	−1.000	−1.000	0.000	83.20	84.80	43.60	43.77
2	1.000	−1.000	0.000	80.10	81.70	39.20	40.90
3	−1.000	1.000	0.000	80.40	80.32	41.30	39.96
4	1.000	1.000	0.000	78.10	78.02	32.00	32.19
5	−1.000	0.000	−1.000	86.30	84.15	46.20	46.41
6	1.000	0.000	−1.000	87.40	85.25	44.30	42.99
7	−1.000	0.000	1.000	82.60	83.23	42.60	43.55
8	1.000	0.000	1.000	76.10	76.73	36.90	36.33
9	0.000	−1.000	−1.000	77.90	77.04	36.10	35.20
10	0.000	1.000	−1.000	75.10	76.61	29.30	31.29
11	0.000	−1.000	0.000	77.30	75.97	34.90	32.79
12	0.000	1.000	1.000	67.20	68.24	23.40	24.18
13	0.000	0.000	0.000	71.90	69.51	24.00	22.38
14	0.000	0.000	1.000	71.30	70.32	25.30	26.25
15	0.000	0.000	−1.000	71.40	75.04	31.00	31.00
16	0.000	0.000	0.000	69.40	69.77	23.50	23.27
17	0.000	−1.000	0.000	74.60	73.59	27.50	28.64

6.2.3 泥饼含水率模型方差分析

泥饼含水率的多元二次回归方程模型为：

$$WC = 69.77 - 1.35X_1 - 2.04X_2 - 2.36X_3 + 0.20X_1X_2 - 1.90X_1X_3 - 1.82X_2X_3 + 9.66X_1^2 + 1.76X_2^2 + 2.92X_3^2 \quad (6\text{-}4)$$

在式(6-4)中,该方程的二次项系数为正可知,该方程曲面的抛物面开口向上,具有极小值点,所以泥饼含水率有最小值点。因此,可以进行最优分析,利用Design-Expert 8.0软件对该模型进行方差分析和显著性检测,结果见表6-3。

表 6-3 **泥饼含水率回归方程模型的方差分析**

来源	平方和	自由度	均方	F	$P(\text{Prob}>F)$
	SS	DF	MS		
模型	499.35	9	55.48	9.22	0.0039
X_1	14.58	1	14.58	2.42	0.1635
X_2	41.62	1	41.62	6.92	0.0339
X_3	55.70	1	55.70	9.26	0.0188
X_1X_2	0.16	1	0.16	0.027	0.8751
X_1X_3	14.44	1	14.44	2.40	0.1653
X_2X_3	13.32	1	13.32	2.21	0.1803
X_1^2	353.49	1	353.49	58.75	0.0001
X_2^2	9.54	1	9.54	1.59	0.2483
X_3^2	25.52	1	25.52	4.24	0.0784
残差	42.12	7	6.02		
拟合不足	71.25	3	23.75	6.42	0.0522
误差	14.80	4	3.70		
总误差	541.47	16			

由表6-3可知,响应面回归模型的 F 值为9.22,$F>5$ 表明该模型对应的真实度较高,真实值有较高的准确度,模型的校正系数 R_{adj}^2 为0.8222,说明该模型可以解释约82%的响应值变化,只有总变异的18%左右不能用该模型解释,回归系数 R^2 接近1时,说明该模型的准确度接近真实情况,该模型回归系数为0.9495,接近

1，该模型拟合度好，说明该模型的准确度精确，真实性良好。因此，可以对超声波、聚丙烯酰胺和硫酸钙联合调理剩余活性污泥不同作用时间和投加量条件下的泥饼含水率进行预测。

图 6-13 为泥饼含水率真实值和预测值的对比，由图可以明显看出，图中的斜率接近 1，说明线性相关度良好，可以用该模型代替实验真实值对实验结果进行方差分析。

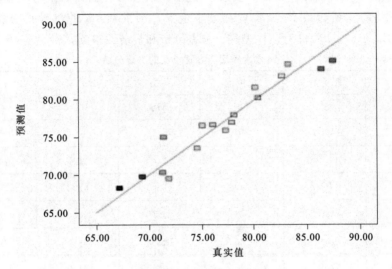

图 6-13　泥饼含水率的真实值和预测值的对比

6.2.4　CST 模型方差分析

毛细吸水时间（CST）的多元二次回归方程模型为：

$$CST = 23.27 - 2.66X_1 - 3.13X_2 - 2.38X_3 - 1.23X_1X_2 - 0.95X_1X_3 -$$
$$1.17X_2X_3 + 13.70X_1^2 + 2.24X_2^2 + 5.36X_3^2 \tag{6-5}$$

在式(6-5)中，由方程二次项系数为正可知，该方程的抛物面开口向上，有极小值点，CST 有最小值点，能够找到该响应值的最优点，能够进行最优分析。通过对该方程的方差分析及准确度检验，能够得到相应的结果见表 6-4。

其中二次响应面回归模型的 F 值为 33.54，表明该模型的准确度和精准度准确，能够表现出真实性。模型的校正系数 R_{adj}^2 为 0.9482，表明该模型可以解释 95% 左右的响应值变化；该模型回归系数为 0.9497，接近 1，说明模型与真实值实验相似度高，可以对超声波、PAM 试剂和 $CaSO_4$ 联合调理剩余活性污泥不同作用时间和投加量条件下的 CST 进行预测。

表 6-4　　　　　　　　　　　离心沉降回归方程模型的方差分析

来源	平方和	自由度	均方	F	P(Prob>F)
	SS	DF	MS		
模型	967.65	9	107.52	33.54	＜0.0001
X_1	56.71	1	56.71	17.69	0.0040
X_2	97.97	1	97.97	30.56	0.0009
X_3	56.64	1	56.64	17.67	0.0040
X_1X_2	6.00	1	6.00	1.87	0.2135
X_1X_3	3.61	1	3.61	1.13	0.3238
X_2X_3	5.52	1	5.52	1.72	0.2307
X_1^2	710.81	1	710.81	221.75	＜0.0001
X_2^2	15.08	1	15.08	4.70	0.0668
X_3^2	86.14	1	86.14	26.87	0.0013
残差	21.34	7	3.01		
拟合不足	89.13	3	28.23	21.46	0.0054
误差	5.20	4	1.30		
总误差	990.08	16			

图 6-14 为 CST 真实值与预测值的对比,得出该模型可以代替真实测量。

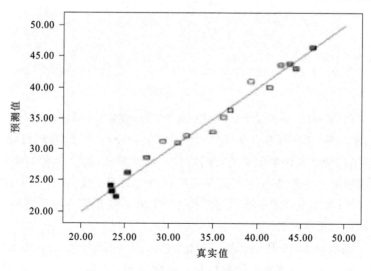

图 6-14　CST 的真实值和预测值的对比

6.3　响应曲面图与参数优化

为了更加直观地说明超声波、PAM 试剂和硫酸钙联合调理对泥饼含水率和毛细吸水时间（CST）的影响以及表征响应曲面函数的性能，通过 Design-Expert 8.0 软件作出响应曲面图以及等高线图来说明。

6.3.1　泥饼含水率响应曲面图与参数优化

泥饼含水率的等高线图和响应曲面图见图 6-15～图 6-20。

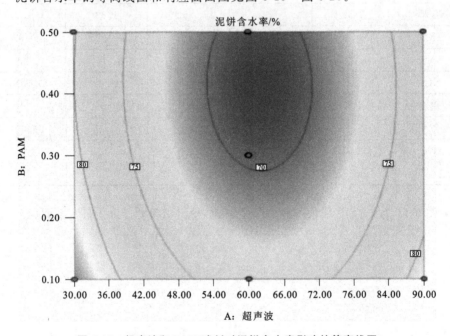

图 6-15　超声波和 PAM 试剂对泥饼含水率影响的等高线图

图 6-15 和图 6-16 为 $CaSO_4$ 投加量为 3.4 g/L 时，不同超声波作用时间和 PAM 试剂投加量对泥饼含水率的影响结果。可以看出，泥饼含水率随 PAM 试剂投加量的增加呈减小趋势，PAM 试剂的作用效果达到最佳时有一定的投加量范围。同理，泥饼含水率随超声波作用时间的增加在一定范围内呈下降趋势，超过一定范围泥饼含水率会回升。

图 6-17 和图 6-18 为 PAM 试剂投加量为 0.3 mg/mL 时，$CaSO_4$ 投加量和超声波作用时间对泥饼含水率的影响结果。由此可知，随着 $CaSO_4$ 投加量和超声波作用时间的增加，泥饼含水率总体呈先下降后上升的趋势，但是都有一定的作用范

围,超出这一范围污泥含水率会回升。

图 6-19 和图 6-20 为超声波作用时间为 60 s 时,PAM 试剂和 CaSO$_4$ 的投加量对泥饼含水率的影响,泥饼含水率随 PAM 试剂投加量的增加呈减小趋势,PAM 试剂的作用效果有一定的范围。需要对超声波作用时间、PAM 试剂和 CaSO$_4$ 的投加量进行优化组合,以便使泥饼含水率降至最低。

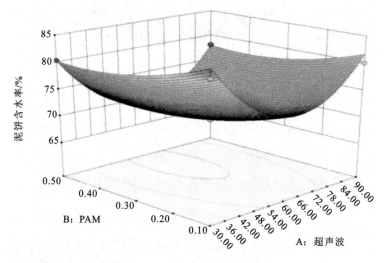

图 6-16　超声波和 PAM 试剂对泥饼含水率影响的响应曲面图

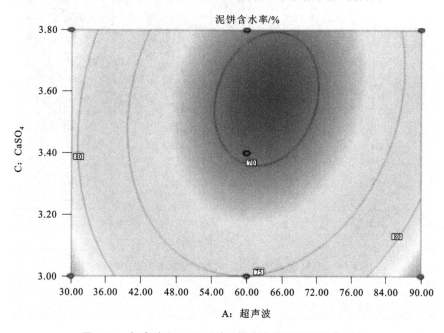

图 6-17　超声波和 CaSO$_4$ 对泥饼含水率影响的等高线图

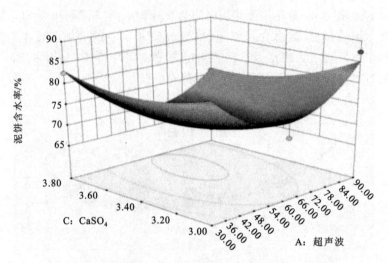

图 6-18　超声波和 $CaSO_4$ 对泥饼含水率影响的响应曲面图

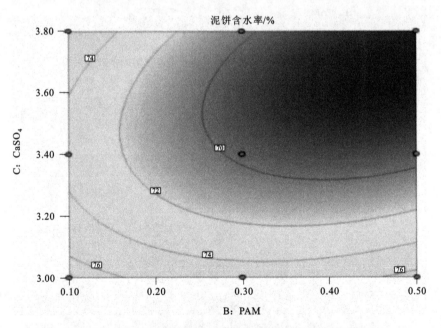

图 6-19　PAM 试剂和 $CaSO_4$ 对泥饼含水率影响的等高线图

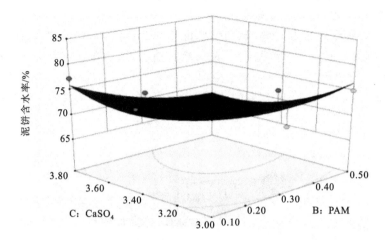

图 6-20 PAM 试剂和 CaSO₄ 对泥饼含水率影响的响应曲面图

6.3.2 毛细吸水时间响应曲面图与参数优化

毛细吸水时间(CST)的等高线图和响应曲面图见图 6-21～图 6-26。

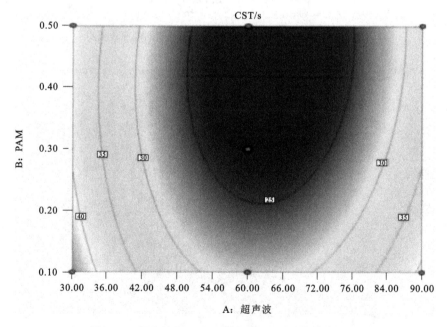

图 6-21 超声波和 PAM 试剂对 CST 影响的等高线图

图 6-21 和图 6-22 为 CaSO₄ 的投加量为 3.4 mg/mL 时,超声波作用时间和 PAM 试剂投加量的变化对污泥 CST 的影响结果。由图可知,在一定范围内,污泥

CST 随 Fenton 试剂投加量的增加呈减少趋势,继续增加 PAM 试剂投加量,污泥 CST 迅速升高,污泥 CST 随超声波作用时间的增加而减少。

图 6-23 和图 6-24 为 PAM 试剂投加量为 0.3 mg/mL 时,超声波作用时间和 $CaSO_4$ 的投加量的变化对污泥 CST 的影响。由图可知,在一定范围内,污泥 CST 随 $CaSO_4$ 的投加量的增加呈减少趋势,继续增加 $CaSO_4$ 的投加量,污泥 CST 迅速上升,污泥 CST 随超声波作用时间的增加而缓慢增加,呈先下降后上升的趋势。

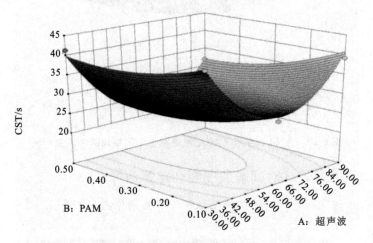

图 6-22 超声波和 PAM 试剂对 CST 影响的响应曲面图

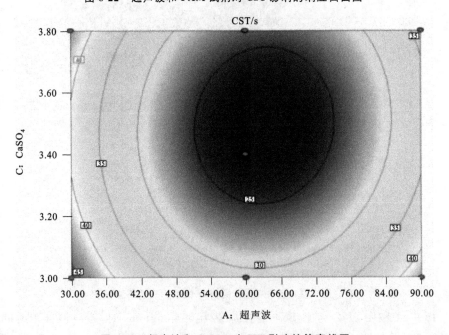

图 6-23 超声波和 $CaSO_4$ 对 CST 影响的等高线图

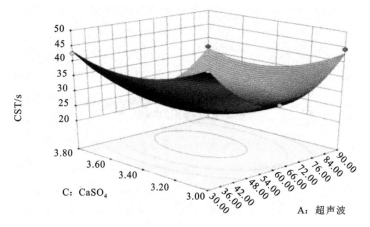

图 6-24 超声波和 CaSO₄ 对 CST 影响的响应曲面图

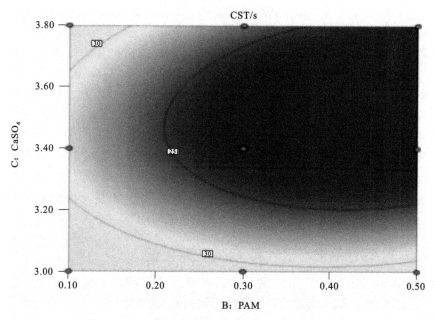

图 6-25 PAM 试剂和 CaSO₄ 对 CST 影响的等高线图

图 6-25 和图 6-26 为超声波作用时间为 60 s 时，PAM 试剂和 CaSO₄ 的投加量的变化对污泥 CST 的影响结果。由图可以明显看出，在一定范围内，污泥 CST 随 PAM 试剂投加量的增加呈减少趋势，继续增加 PAM 试剂投加量，污泥 CST 反而呈增加趋势，因此超声波作用时间、PAM 试剂和 CaSO₄ 均存在最佳的投加量使 CST 达最小。

泥饼含水率的回归方程模型在变量 $X_1 = 0.13$，$X_2 = 0.96$，$X_3 = 0.75$ 时取得最小值 67.82%，对应的超声波作用时间、PAM 试剂和 CaSO₄ 投加量分别为 63.9 s、

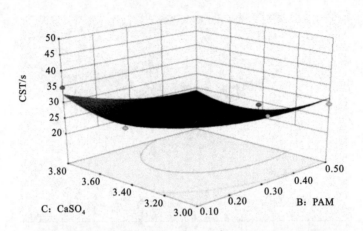

图 6-26　PAM 试剂和 CaSO₄ 对 CST 影响的响应曲面图

0.49 mg/mL 和 3.7 mg/mL。将编码变量 X_1、X_2、X_3 的值代入 CST 模型方程，可得 CST 为 22.36 s，CST 的回归方程在变量 $X_1 = 0.15$、$X_2 = 0.83$ 和 $X_3 = 0.30$ 时取得最大值 21.40 s，对应的超声波作用时间、PAM 试剂和 CaSO₄ 的投加量分别为 64.5 s、0.47 mg/mL 和 3.52 mg/mL。同时，将变量 X_1、X_2 和 X_3 的值代入泥饼含水率的回归方程，得出对应条件下泥饼含水率为 68.34%。考虑处理条件的经济效益和作用效果，最终选取超声波作用时间、PAM 试剂和 CaSO₄ 的最佳投加量为 65 s、0.48 mg/mL 和 3.6 mg/mL。

　　最优值验证：为考察响应曲面模型方程最优条件的准确性和实用性，在超声波作用时间、PAM 试剂和 CaSO₄ 的投加量分别为 65 s、0.48 mg/mL 和 3.6 mg/mL 条件下进行验证实验，此时通过实验得到的数据结果为：泥饼含水率为（68.12±0.43）%，CST 为（22.91±0.45）s，与模型预测值基本吻合。

6.3.3　污泥毛细吸水时间（CST）结果验证

　　验证实验测定并分析原污泥与单因素最佳值调理剩余活性污泥及超声波 PAM 试剂、CaSO₄ 耦合调理后剩余活性污泥的 CST，有利于更进一步验证污泥脱水的最佳条件。实验中将 50 mL 污泥分别置于 5 个 100 mL 烧杯中，并分别编号 1、2、3、4、5。先将 2 号污泥放入超声波仪器中处理 65 s（样品 2）；2 号污泥加入 180 mg CaSO₄ 搅拌均匀（样品 3）；3 号污泥加入 24 mg PAM 试剂（样品 4）；5 号污泥超声波处理 65 s，再加入 180 mg 的 CaSO₄ 搅拌均匀，然后加入 24 mg 的 PAM 试剂，搅拌 2 min（样品 5）。分别将原污泥（样品 1）和调理后的污泥注入离心试管中，打开电源，实验结束后记录其数据，实验结果见图 6-27。

　　由图 6-27 所示，原污泥的 CST 为 43.6 s，超声波调理后的污泥 CST 为 36.5 s，PAM 试剂调理后的污泥 CST 为 31.9 s，CaSO₄ 调理后的污泥 CST 为 33.4 s，超声波、PAM 试剂、CaSO₄ 耦合调理后的污泥 CST 为 24.3 s。CST 越低,说明污泥的渗透能力就越强,絮凝效果越好,污泥越容易脱水。实验结果表明,消化污泥在超声波作用时间、PAM 试剂和 CaSO₄ 的投加量分别为 65 s、0.48 mg/mL 和 3.6 mg/mL 的耦合条件下达到 CST 最佳值,即 24.3 s。

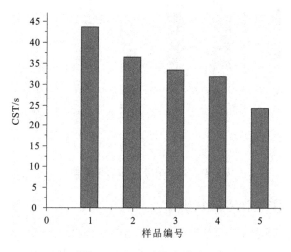

图 6-27 CST 验证实验结果

6.3.4 泥饼含水率结果验证

取 5 个 100 mL 烧杯进行编号,再分别量取 50 mL 原污泥于各个烧杯中,分别进行空白实验(编号 1),超声波调理污泥实验(编号 2),单独投加 CaSO₄ 调理污泥实验(编号 3),单独投加 PAM 试剂调理污泥实验(编号 4),超声波、PAM 试剂、CaSO₄ 耦合调理污泥实验(编号 5)。1、2、3、4、5 号分别做出以下处理:1 号为空白对照,2 号进行超声波处理 65 s,3 号加入 180 mg CaSO₄,4 号加入 24 mg PAM 试剂,5 号先超声波处理 65 s,再加入 180 mg CaSO₄,搅拌均匀后再加入 24 mg PAM 试剂,在 0.042 MPa 真空压力条件下进行抽吸,30 s 不滴水后,取下泥饼,测量泥饼含水率并记录结果,分别测得泥饼含水率为 81.34%、78.43%、76.27%、75.92%、68.75%,如图 6-28 所示。

由图 6-28 可知,超声波处理、投加 PAM 试剂和 CaSO₄ 均对剩余活性污泥脱水性能的改善起到促进作用,在超声波作用时间、PAM 试剂和 CaSO₄ 的投加量分别为 65 s、24 mg 和 180 mg 的耦合条件下剩余活性污泥脱水性能改善效果最佳,此时,泥饼含水率为 68.75%,这与通过 Design-Expert 8.0 软件所得到的结果相似。因此,超声波、PAM 试剂、CaSO₄ 耦合对剩余活性污泥脱水性能改善具有明显的效果。

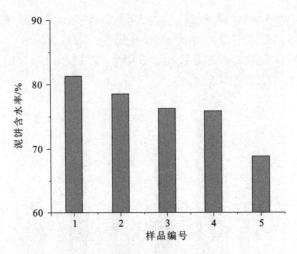

图 6-28　泥饼含水率验证实验结果

6.3.5　污泥热重结果分析

将原污泥、超声波(65 s)、PAM 试剂(0.48 mg/mL)、CaSO$_4$(3.6 mg/mL)三因素耦合调理后的污泥,将这两份污泥同时在 N$_2$ 气氛以及升温速率 10 K/min、通气速率 20 mL/min 条件下对样品进行热重分析,热重分析结果在一定时间后显示出来,结果见图 6-29。

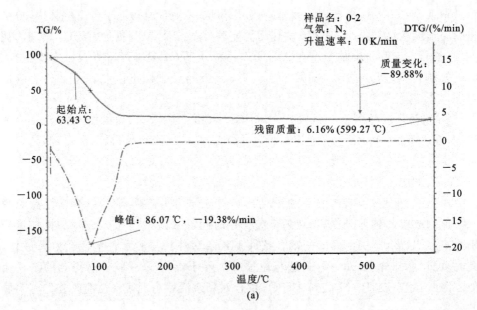

(a)

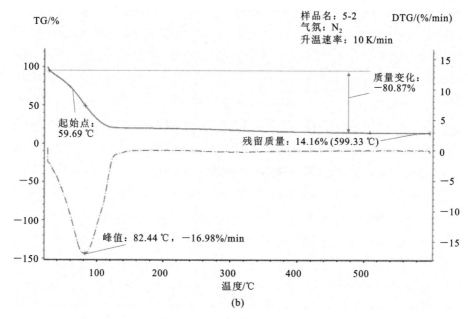

图 6-29 原污泥和超声波、PAM 试剂和 CaSO₄ 调理污泥的热重分析曲线

(a) 原污泥；(b) 调理后污泥

由图 6-29(a)可知，原剩余活性污泥 TG 曲线 63.43 ℃以前对应的是易挥发的物质，或者是水分；TG 曲线在 63.43～100 ℃有明显的陡坡，说明该污泥在这规格温度范围内发生反应，反应产物是气体，反应结束后残余质量为 6.16%。DTG 曲线表明，污泥有一个失重峰，其峰值为 86.07 ℃，失重率最高为 19.38%/min。在 130～599.27 ℃阶段热重损失，质量变化微小，主要是脂肪等的分解。

由图 6-29(b)可知，超声波、PAM 试剂协同 CaSO₄ 调理后的污泥，TG 曲线在 59.69 ℃以前对应的是易挥发的物质，或者是水分；TG 曲线在 59.69～100 ℃有明显的陡坡，说明该污泥在这规格温度范围内发生反应，反应产物是气体，反应结束后残余质量为 14.16%。DTG 曲线表明，污泥也有一个失重峰，其峰值为 82.44 ℃，失重率最高达 16.98%/min。在 130～599.27 ℃也有一个明显的失重段，温度范围为 59.69～86.32 ℃，峰值温度 82.44 ℃。两组结果相比，原污泥与调理污泥的脱水起始温度和失重峰温度明显前滞，这可能是由于原污泥本身结构具有较强的吸水能力，超声波、PAM 试剂协同 CaSO₄ 失重峰温度最低。热重分析结果显示出，超声波、PAM 试剂协同 CaSO₄ 对厌氧消化污泥的处理能够明显地改善其脱水性能。

6.3.6 粒径结果分析

污泥粒径分析结果见图 6-30、图 6-31，以及表 6-5、表 6-6。

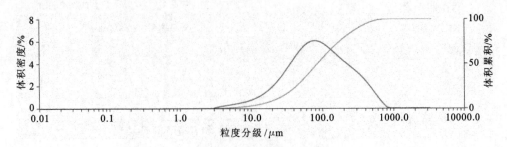

图 6-30　原污泥粒径分析曲线

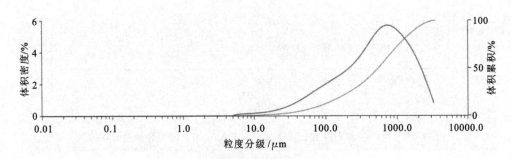

图 6-31　最佳条件下处理的污泥粒径分析曲线

表 6-5　　　　　　　　　　　　原污泥粒径分析结果

分析		结果	
颗粒名称	污泥	浓度	0.06%
颗粒折射率	1.6	径距	4.247 μm
颗粒吸收率	0.01	一致性	1.236
分散剂名称	水	比表面积	117.3 m^2/kg
分散剂折射率	1.33	$D[3,2]$	51.1 μm
散射模型	Mie	$D[4,3]$	165 μm
分析模型	通用	$D_x(10)$	23.6 μm
加权残差	0.36%	$D_x(50)$	94.9 μm
激光遮光度	9.15%	$D_x(90)$	427 μm

表 6-6　　　　　　　　　　　最佳条件下处理的污泥粒径分析结果

分析		结果	
颗粒名称	污泥	浓度	0.05%
颗粒折射率	1.6	径距	3.125 μm
颗粒吸收率	0.01	一致性	0.95
分散剂名称	水	比表面积	34.00 m^2/kg
分散剂折射率	1.33	$D[3,2]$	176 μm
散射模型	Mie	$D[4,3]$	751 μm
分析模型	通用	$D_x(10)$	80.5 μm
加权残差	0.35%	$D_x(50)$	541 μm
激光遮光度	2.29%	$D_x(90)$	1770 μm

图 6-31 显示原污泥体积密度最高峰在粒度为 100 μm 附近,粒径为 1260.499 μm 时,体积累计达到 100%。而图 6-32 显示最佳条件下处理的污泥体积密度最高峰在 800 μm 附近,粒径在 3500 μm 时,体积累计达到 100%。这表明经过最佳条件下处理过的污泥,其污泥体积密度最高峰明显右移,其活性污泥粒径明显变大。

表 6-5 中原污泥的粒径分析结果显示,径距为 4.247,比表面积为 117.3 m^2/kg,对比表 6-6 最佳条件下处理的污泥粒径分析结果(径距 3.125,比表面积 34.00 m^2/kg)表明:通过最佳条件处理的污泥径距和比表面积会减小。而 $D[3,2]$、$D[4,3]$、$D_x(10)$、$D_x(90)$ 和 $D_x(90)$ 通过最佳条件处理后显然增加。

通过前后数据的对比可知,通过最佳条件下处理的污泥粒径明显增大,污泥径距和比表面积都会减小,这表明污泥间的吸附能力明显减弱,污泥的脱水性能得到明显的改善。

6.4　结　　论

通过单因素实验,利用 Origin 8.0 软件,确定出单因素对剩余活性污泥调理时的最佳范围,并用 Design-Expert 8.0 软件绘出等高线图和响应曲面图,通过方差分析得出三因素耦合最佳作用点,通过泥饼含水率、离心沉降比(SV)、毛细吸水时间(CST)等指标验证实验,得到如下结论:

（1）超声波、PAM试剂和$CaSO_4$联合调理，能够明显改善污泥的脱水性能，确定调理污泥的最佳作用时间以及投加药剂量的范围分别为$30\sim90$ s、$0.1\sim0.5$ mg/mL和$3.0\sim3.8$ mg/mL。

（2）通过Design-Expert 8.0软件的二次响应曲面法建立了泥饼含水率和毛细吸水时间（CST）的预测模型，模型的相关系数分别为0.9495和0.9497，系数接近1，表明拟合度良好，实验误差小，可分别对超声波作用时间，PAM试剂和$CaSO_4$不同投加量下的泥饼含水率和毛细吸水时间进行预测。

（3）在实验方案中，确定超声波作用时间、聚丙烯酰胺和硫酸钙的最佳作用时间和投加量分别为65 s、0.48 mg/mL和3.6 mg/mL，此时污泥CST取得最小值24.3 s，泥饼含水率为68.75%，结果表明：泥饼含水率为（68.12±0.43）%，CST为（22.91±0.45）s，与模型预测值基本吻合。

（4）热重分析曲线表明，原污泥的起始脱水温度和热重峰温度前移，而经$CaSO_4$（3.6 mg/mL）、PAM试剂（0.48 mg/mL）及超声波作用（65 s）调理过的污泥，其起始脱水温度和最高峰前移更加明显。这表明$CaSO_4$（3.6 mg/mL）、PAM试剂（0.48 mg/mL）及超声波作用（65 s）可以更好地改善污泥的脱水性能。

（5）粒度分析结果表明，经过实验得出的最佳条件下处理的剩余活性污泥，其污泥的粒径会变大。

（6）可以利用RSM方法优化多因素改善污泥脱水性能参数。

参考文献

[1] Cai M Q,Hu J Q,Lian G H,et al. Synergetic pretreatment of waste activated sludge by hydrodynamic cavitation combined with Fenton reaction for enhanced dewatering[J]. Ultrasonics-Sonochemistry,2018,42:609-618.

[2] Bougrier C,Carrère H,Delgenès J P. Solubilisation of waste-activated sludge by ultrasonic treatment[J]. Chemical Engineering Journal, 2005,106:163-169.

[3] 童文锦,孙水裕.城市污水污泥超声波预处理的研究[J].环境科学与技术,2010,33(5):133-136.

[4] 叶运弟,郑莉,周力.超声波能量对污泥脱水性的影响变化研究[J].轻工科技,2013,(9):113-114.

[5] Maria R H,Guillermo M E,Jordi L,et al. Dewaterability of sewage sludge by ultrasonic,thermal and chemical treatments[J]. Chemical Engineering Journal,2013,230:102-110.

[6] Wei Z S, Villamena F A, Weavers L K. Kinetics and mechanism of ultrasonic activation of persulfate: an in situ EPR spin trapping study[J]. Environment Science and Technology, 2017, 51: 3410-3417.

[7] Zhang Q H, Yang W N, Ngo H H, et al. Current status of urban wastewater treatment plants in China[J]. Environment International, 2016(92-93): 11-22.

[8] Liang J L, Huang S S, Dai Y K, et al. Dewaterability of five sewage sludges in Guangzhou conditioned with Fenton's reagent/lime and pilot-scale experiments using ultrahigh pressure filtration system[J]. Water Research, 2015, 84: 243-254.

[9] Yin X, Han P, Lu X, et al. A review on the dewaterability of bio-sludge and ultrasound pretreatment [J]. Ultrasonics-Sonochemistry, 2004, 11 (6): 337-348.

[10] Li X, Yang S. Influence of extracellular polymeric substances (EPS) on the flocculation, sedimentation and dewaterability of activated sludge[J]. Water Research, 2007, 41: 1022-1030.

[11] Khanal S K, Grewell D, Sung S, et al. Ultrasound applications in wastewater sludge pretreatment: a review[J]. Critical Reviews in Environmental Science and Technology, 2007, 37(4): 277-313.

[12] 马守贵, 许红林, 吕效平. 超声波促进处理剩余活性污泥中试研究[J]. 化学工程, 2008, 36(2): 46-49.

[13] 沈劲锋, 殷绚, 谷和平. 超声与阳离子型聚丙烯酰胺联合作用对剩余活性污泥脱水的影响[J]. 化学工业与工程技术, 2005, 26(6): 22-25.

7 酸化 Fenton 表面活性剂改善污泥脱水性能研究

7.1 实验材料与仪器

7.1.1 实验材料

实验所使用的污泥来自××市污水处理厂的回流污泥,其中污泥浓度约为 8000 mol/L,含水率为 98.43%。实验所需药品有表面活性剂(十二烷基硫酸钠),10% H_2SO_4 溶液以及 Fenton 试剂。所用污泥性质如表 7-1 所示。

表 7-1 实验污泥性质

参数	pH 值	CST/s	含水率/%	SRF/(m/kg)	黏度/(mPa·s)	初始浓度/(mg/L)	上清液浊度/NTU
数值	6.5	24.2	98.43	3.679×10^{13}	288	8000~9000	367

7.1.2 实验仪器

实验仪器如表 7-2 所示。

表 7-2 实验主要仪器

编号	实验仪器		测定项目
	仪器名称	仪器型号	
1	旋转黏度仪	SNB-1	测定污泥黏度
2	CST 测定仪	TYPE 304B	测定污泥毛细吸水时间
3	卤素水分测定仪	XY-102MW	测定污泥含水率

编号	实验仪器		测定项目
	仪器名称	仪器型号	
4	实验室 pH 计	PHS-3C	测定污泥 pH 值
5	比阻实验装置	QBP347	测定污泥比阻
6	浊度测定仪	便携式	测定污泥浊度
7	热重分析仪	NETZSCH STA449F3	污泥热重分析
8	激光粒度仪	Mastersizer 3000	污泥粒度分析

7.1.3　脱水性能指标测定

7.1.3.1　污泥比阻(SRF)的测定

污泥比阻(SRF)是表示污泥过滤特性的综合性指标,污泥比阻愈大,污泥脱水性能愈差;反之,污泥脱水性能愈好。实验中取 100 mL 原污泥于烧杯中,然后分别加入表面活性剂、Fenton 试剂以及 10% H_2SO_4 溶液进行调理,搅拌 20 min,静置 5 h,最后进行过滤脱水实验,在 0.04 MPa 的真空压力下进行抽滤,直至泥饼开裂真空破坏,停止抽吸。

将裁好的滤纸润湿放入布氏漏斗内,加入 100 mL 调理后的污泥,在 0.04 MPa 的真空压力下抽滤,其中时间 t 与滤液体积 V 的关系见式(1-2),污泥比阻计算公式见式(1-3)。

7.1.3.2　污泥毛细吸水时间(CST)以及泥饼含水率的测定

污泥毛细吸水时间(CST)也是一个表示污泥脱水能力的指标,CST 越大,污泥的脱水性能越差,反之,脱水性能越好。CST 测定的原理是污泥水在吸水滤纸上渗透一定距离所需要的时间。而泥饼含水率同样也可表示污泥脱水性能,其中泥饼是污泥在 0.04 MPa 真空压力下进行抽滤后所产生的,取约 3 g 泥饼放置于卤素水分测定仪中进行测定。

7.1.4　实验流程

本实验选取酸化、Fenton 试剂和表面活性剂为实验自变量,首先进行单因素实验取 100 mL 污泥置于 250 mL 烧杯中,分别加入 Fenton 试剂、表面活性剂以及稀硫酸进行调理,每个单因素进行 5 组实验,测定调理后污泥的比阻、CST 以及泥饼含水率,将实验数据输入 Origin 8.0 软件,确定出各单因素作用的最佳范围值。然后进行多因素实验,将确定后的范围输入 Design-Expert 8.0 软件,通过系统生成 17 组多因素组合实验方案,按生成的实验方案进行实验,将实验结果再次输入 Design-Expert 8.0 软件进行方程模拟、方差分析以及曲面响应优化,最后通过 Mathematica 8.0 软件分析曲面优化模拟方程,确定出酸化、Fenton 试剂及表面活性剂三因素联合调理过程中各变量运行的最佳投加量。最后进行验证试验,按照最佳投加量进行实验,测定 SRF、CST 以及泥饼含水率,验证最佳值的准确性。

各单因素实验真实值和对应编码变量的范围及水平见表 7-3。

表 7-3 真实值与对应编码变量范围及水平

影响因素	代码		编码水平		
	真实值	编码值	-1	0	1
酸化	ε_1	X_1	1.9	3.85	5.80
表面活性剂	ε_2	X_2	0.05	0.07	0.09
Fenton 试剂	ε_3	X_3	6	11	16

注：$X_1=(\varepsilon_1-3.85)/1.95$，$X_2=(\varepsilon_2-0.07)/0.02$，$X_3=(\varepsilon_3-11)/5$。

7.2 结果与讨论

7.2.1 单因素实验结果与分析

实验选取表面活性剂、酸化及 Fenton 试剂三个因素进行单因素实验,考察在不同实验条件下对污泥毛细吸水时间(CST)、污泥比阻(SRF)及泥饼含水率的影响。

7.2.1.1 酸化改善污泥脱水性能

酸化对改善污泥脱水性能的作用如图 7-1 和图 7-2 所示。

由图 7-1 可以明显看出,对污泥进行酸化处理,破坏了污泥的絮体结构,污泥中的水分分布也发生变化,降低了污泥结合水含量,从而提高了污泥脱水性能。实验证明,将污泥 pH 值调节到 1.9～5.8 范围内,污泥 CST、泥饼含水率均随着 pH 值的增大呈先降低再升高的趋势,并在污泥 pH 值为 4.8 时,污泥的 CST 降至最低,CST 为 36.1 s;当 pH 值为 3.6 时,泥饼含水率达最佳值,降至 50.65%。

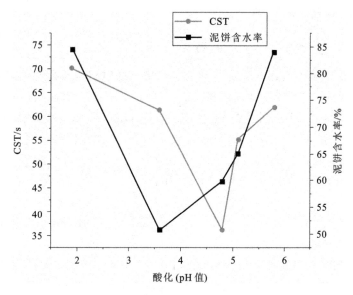

图 7-1　酸化对污泥 CST 及泥饼含水率的影响

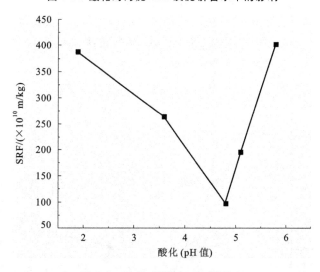

图 7-2　酸化对污泥 SRF 的影响

由图 7-2 可看出,污泥比阻 SRF 降至 97.3463×10^{10} m/kg。当污泥 pH 值继续升高时,CST 和 SRF 以及泥饼含水率都呈上升趋势。何文远等对剩余活性污泥的研究认为经过酸化处理后的污泥,其结合水呈下降趋势,在 pH 值为 2 时结合水含量降至最低,并且在 pH 值继续减小时,结合水含量下降缓慢并趋于稳定。综上所述,说明酸化在一定范围(pH 值为 1.9~5.8)内,可以提高污泥脱水性能;反之,超过范围时酸化,则会对改善污泥脱水性能起到抑制作用。因此,酸化处理污泥最佳范围是 pH 值为 1.9～5.8。

7.2.1.2 Fenton 试剂改善污泥脱水性能

Fenton 试剂能够将污泥中胞外聚合物（EPS）的重要组成成分破坏，从而影响污泥的脱水性能。Fenton 试剂由硫酸铁与 H_2O_2 两部分组成，且由于硫酸铁与 H_2O_2 比例不同，对污泥脱水性能造成的影响不同，故 Fenton 试剂实验可分为两部分，首先通过实验确定 Fenton 试剂中硫酸铁和 H_2O_2 两组分的最佳比例，实验时先投加硫酸铁，再投加 H_2O_2，然后按最佳比例配制 Fenton 试剂，改变 Fenton 试剂投加量，确定 Fenton 试剂的最佳投加量的范围。

（1）硫酸铁和 H_2O_2 最佳比例的确定。

实验中当 $w(H_2O_2)=4～8$ mL/mL，$w(Fe^{2+})=4$ mL/mL 时，泥饼含水率及 CST 变化趋势如图 7-3 所示。

从图中看出，$w(H_2O_2)=6$ mL/mL，$w(Fe^{2+})=4$ mL/mL 时，泥饼含水率和 CST 达到最佳，分别为 77％ 和 14 s；当 $w(Fe^{2+})=5～9$ mL/mL，$w(H_2O_2)=6$ mL/mL 时，泥饼含水率及 CST 变化趋势如图 7-4 所示。

从图中看出，$w(H_2O_2)=6$ mL/mL，$w(Fe^{2+})=6$ mL/mL 时，泥饼含水率和 CST 分别降到 72.51％ 和 12.7 s。综上所述，当硫酸铁和 H_2O_2 均为 6 mL/mL，即 $w(H_2O_2)：w(Fe^{2+})=1：1$ 时效果最佳。

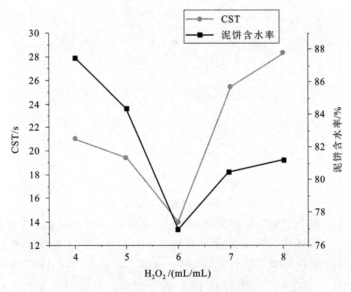

图 7-3　H_2O_2 投加量对污泥 CST 和泥饼含水率的影响

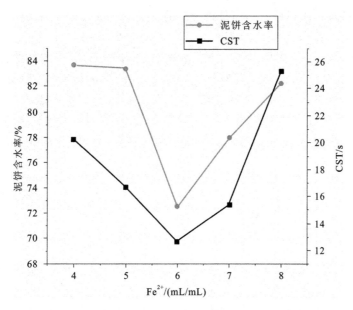

图 7-4 Fe²⁺ 投加量对污泥 CST 和泥饼含水率的影响

(2)Fenton 最佳投加量的确定。

实验中硫酸铁和 H_2O_2 按 1∶1 投加,其投加量的改变对污泥 CST 及泥饼含水率影响如图 7-5 所示。

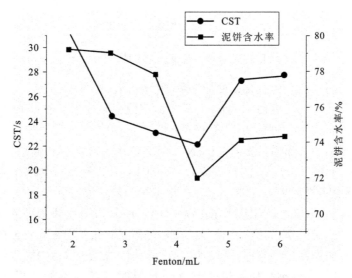

图 7-5 Fenton 试剂对污泥 CST 及泥饼含水率的影响

由图可见,随着 Fenton 投加量的增加,污泥 CST 及泥饼含水率均先降低后升高,当 Fenton 试剂投加量为 4.4 mL/100 mL 时 CST 和泥饼含水率分别达到 22.1 s 和

71.95%，二者同时达到最佳。而其投加量的改变对 SRF 的影响如图 7-6 所示。

在 6～16 mL/100 mL 范围内，SRF 变化趋势呈先下降后上升的趋势，当 Fenton 试剂为 12 mL/100 mL 时，SRF 为 9.645×10^{10} m/kg。刘鹏等针对 Fenton 试剂联合骨架构建体对剩余活性污泥脱水性能影响进行研究，研究结果表明，Fenton 试剂及骨架构建体复合调理后，污泥各项指标均有所下降，其中 SRF 降至 92.64×10^{10} m/kg，CST 降至 15.3 s。综上，Fenton 试剂可改善污泥脱水性能，且 Fenton 试剂在 6～16 mL/100 mL 范围内存在一适宜的投加量点使得 Fenton 试剂效果达到最佳。

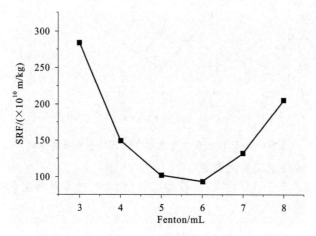

图 7-6　Fenton 试剂对 SRF 的影响

7.2.1.3　表面活性剂改善污泥脱水性能

表面活性剂对污泥脱水性能的影响如图 7-7、图 7-8 所示。

使用表面活性剂调理污泥，会改变污泥上清液中胞外聚合物（EPS）质量浓度，促使 EPS 水解，降低污泥黏度，从而提高污泥脱水性能。实验发现，在 100 mL 污泥中加入一定量的表面活性剂，污泥 SRF、CST 及泥饼含水率相应地会发生变化，在投加量为 0.05～0.09 mg 的范围内，污泥 SRF，CST 及泥饼含水率均呈现先降低再升高的趋势，投加量为 0.06 mg 时各指标达到最佳值，其中 CST 降至 22.9 s，泥饼含水率降至 79.87%，SRF 降至 159.3343×10^{10} m/kg。洪晨等对不同 pH 条件下表面活性剂对剩余污泥脱水性能的影响进行了研究，其结果表明在酸性条件下表面活性剂的作用效果最好，且增加表面活性剂投加量时，污泥脱水性能先大幅提高，随后当表面活性剂投加量超过 93.75 mg/g 时，污泥脱水性能提高幅度减缓，这一趋势与本实验结果相似。综上，表面活性剂可改善污泥脱水性能，且在 0.05～0.09 mg 范围内作用最佳。

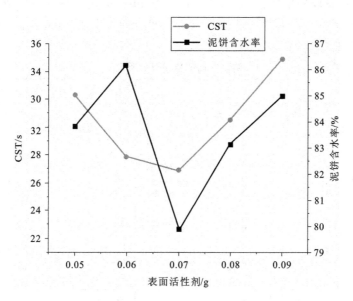

图 7-7 表面活性剂对污泥 CST 及泥饼含水率的影响

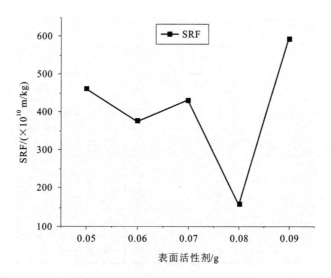

图 7-8 表面活性剂对 SRF 的影响

7.2.2 多因素实验结果与分析

以污泥比阻 SRF、泥饼含水率及污泥毛细吸水时间（CST）为响应值,采用 Design-Expert 8.0 软件设计生成 17 组实验方案进行实验。

由单因素试验确定酸化、表面活性剂及 Fenton 试剂的最佳范围值,将其输入 Design-Expert 8.0 软件,根据 Box-Behnken 设计原理生成 17 组实验,响应曲面实验设计及结果见表 7-4。

表 7-4 响应曲面实验设计及结果

编号	编码值			CST/s		泥饼含水率/%		SRF/($\times 10^{10}$ m/kg)	
	X_1	X_2	X_3	真实值	预测值	真实值	预测值	真实值	预测值
1	1	−1	0	45.6	43.51	86.93	86.31	67.36	63.92
2	0	0	0	43.6	40.34	84.84	84.85	76.80	89.00
3	−1	−1	0	43.8	47.06	83.93	83.92	5.62	15.30
4	1	0	1	54.7	56.79	85.47	86.09	89.26	77.06
5	−1	0	1	42.6	43.37	83.46	84.78	0.83	4.19
6	0	1	1	41.4	43.35	82.11	82.80	75.68	91.33
7	0	−1	−1	38.5	36.55	83.49	82.80	69.49	59.80
8	0	0	0	43.9	43.13	86.81	85.49	68.70	71.21
9	0	−1	1	48.6	49.91	88.93	88.23	2.02	4.19
10	0	1	−1	41.98	37.95	76.7	75.39	74.42	58.78
11	−1	0	0	20.4	24.43	75.02	76.33	57.72	51.78
12	0	0	0	57.7	56.39	87.32	88.02	0.97	6.91
13	1	0	−1	17.5	17.12	67.06	66.6	1.08	4.19
14	1	1	0	17.7	17.12	66.42	66.6	14.47	4.19
15	0	0	0	15.7	17.12	64.30	66.6	73.36	70.84
16	−1	0	−1	18	17.12	68.56	66.6	72.80	76.23
17	0	0	0	16.7	17.12	66.68	66.6	2.56	4.19

7.2.2.1 泥饼含水率模型方差分析

由 Design-Expert 8.0 软件建立以泥饼含水率为响应值的二次回归方程为:

$$泥饼含水率 = 66.60 + 0.18X_1 - 0.29X_2 + 0.18X_3 + 0.91X_1X_2 +$$
$$1.17X_1X_3 + 6.13X_2X_3 + 10.33X_1^2 + 8.36X_2^2 + 7.03X_3^2 \quad (7-1)$$

式(7-1)中,Fenton 试剂对应的二次项系数为正,方程的抛物线开口向上,可得到相应的最佳值。对该模型方差分析见表 7-5。其中模型的 F 值为 50.05,P 值小于 0.0001,说明该模型的显著性好。模型回归系数 $R^2=0.9847$,模型校正系数 $R^2_{adj}=0.9650$,该模型的回归系数接近 1,说明该模型拟合度好,能较好地反应实验数据且误差较小,能够预测酸化、Fenton 试剂、表面活性剂联合调理污泥时不同投加量条件下泥饼含水率。

表 7-5　　　　　　　　泥饼含水率回归方程模型的方差分析

来源	平方和 SS	自由度 DF	均方 MS	F	P(Prob>F)
模型	1220.11	9	135.57	50.05	<0.0001
X_1	0.25	1	0.25	0.093	0.7692
X_2	0.66	1	0.66	0.24	0.6364
$X3$	0.26	1	0.26	0.096	0.7661
X_1X_2	3.29	1	3.29	1.22	0.3066
X_1X_3	5.45	1	5.45	2.01	0.1989
X_2X_3	150.43	1	150.43	55.54	0.0001
X_1^2	449.45	1	449.45	165.94	<0.0001
X_2^2	294.04	1	294.04	108.56	<0.0001
X_3^2	208.19	1	208.19	76.86	<0.0001
残差	18.96	7	2.71		
拟合不足	9.58	3	3.19	1.36	0.3744
误差	9.58	4	2.35		
总误差	1239.07	16			

注:回归系数 $R^2=0.9847$,校正系数 $R^2_{adj}=0.9650$。

图 7-9 为泥饼含水率的真实值和预测值的对比图,真实值与预测值基本相符,因此预测值可以代替实验值进行。

7.2.2.2　污泥比阻模型方差分析

由 Design-Expert 8.0 软件计算得到 SRF 的方程模型为

$$SRF = 4.19 + 8.05X_1 + 8.23X_2 - 14.20X_3 + 2.01X_1X_2 + 16.26X_1X_3 +$$
$$26.84X_2X_3 + 33.24X_1^2 + 35.61X_2^2 + 16.38X_3^2 \tag{7-2}$$

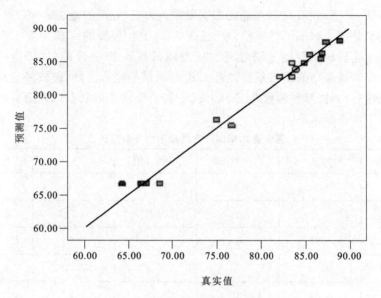

图 7-9　泥饼含水率真实值与预测值对比图

在式（7-2）中，酸化、Fenton 试剂及表面活性剂为正值，因此该方程图形开口向上，可以找到所需最佳值点。该模型方程的方差分析结果见表 7-6。其中 F 值为 12.09，P 值为 0.0017，说明该方程的显著性较好；模型回归系数 R^2 为 0.9441，校正系数 R^2_{adj} 为 0.8619，回归系数与 1 接近，能够很好地反应实验数据并且误差较小，能够对酸化、Fenton 试剂、表面活性剂联合调理污泥时不同投加量条件下污泥比阻进行预测。

表 7-6　　　　　　　　　　　　污泥比阻回归方程模型的方差分析

来源	平方和 SS	自由度 DF	均方 MS	F	P(Prob>F)
模型	18903.58	9	2100.40	12.09	0.0017
X_1	517.81	1	517.81	2.98	0.1279
X_2	541.84	1	541.81	3.12	0.1207
X_3	1613.33	1	1613.33	9.29	0.0186
X_1X_2	16.21	1	16.21	0.093	0.7689
X_1X_3	1057.96	1	1057.96	6.09	0.0429
X_2X_3	2881.94	1	2881.94	16.60	0.0047
X_1^2	4651.61	1	4651.61	26.79	0.0013

续表

来源	平方和 SS	自由度 DF	均方 MS	F	$P(\text{Prob} > F)$
X_3^2	5339.31	1	5339.31	30.75	0.0009
X_3^2	1130.31	1	1130.21	6.51	0.0380
残差	1215.63	7	173.66		
拟合不足	1081.65	3	360.55	10.76	0.0219
误差	133.98	4	33.50		
总误差	20119.21	16			

注:回归系数 $R^2 = 0.9396$,校正系数 $R_{\text{adj}}^2 = 0.8619$。

图 7-10 为污泥比阻的预测值及真实值的对比图,由对比图可看出,该模型可以代替真实测量值。

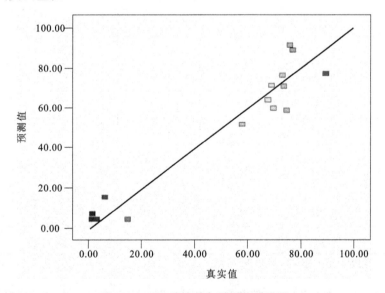

图 7-10　SRF 真实值与预测值对比图

7.2.2.3　污泥毛细吸水时间模型方差分析

由 Design-Expert 8.0 软件计算得到 CST 的方程模型为:
$$CST = 17.12 + 1.64X_1 + 5.00X_2 - 1.76X_3 + 3.22X_1X_2 + 1.65X_1X_3 +$$
$$10.98X_2X_3 + 14.62X_1^2 + 15.19X_2^2 + 9.86X_3^2 \qquad (7-3)$$

由式(7-3)看出,Fenton 试剂、酸化及表面活性剂系数为正值,该方程图形开口向上,有极小值,能够确定该响应值的最优点,可以进行最优分析。

表 7-7 所示为该方程的方差分析,其中该模型 F 值为 33.02,P 值小于 0.0001,说明该模型较为准确,能够较好地体现出真实性。模型的校正系数 R^2_{adj} 为 0.9474,说明该模型能解释 94.74% 的响应值变化;该模型回归系数 R^2 为 0.9770,表明该模型与实验真实值相似,能够对酸化、Fenton 试剂、表面活性剂联合调理污泥时不同投加量条件下 CST 进行预测。

表 7-7   **CST 回归方程模型的方差分析**

来源	平方和 SS	自由度 DF	均方 MS	F	$P(Prob>F)$
模型	3317.41	9	368.60	33.02	<0.0001
X_1	21.45	1	21.45	1.92	0.2082
X_2	199.80	1	199.80	17.90	0.0039
X_3	24.78	1	24.78	2.22	0.1799
X_1X_2	41.60	1	41.60	3.73	0.0949
X_1X_3	10.89	1	10.89	0.98	0.3562
X_2X_3	482.24	1	482.24	43.20	0.0003
X_1^2	899.67	1	899.67	80.59	<0.0001
X_2^2	971.20	1	971.20	87.00	<0.0001
X_3^2	409.55	1	409.55	36.69	0.0005
残差	78.14	7	11.16		
拟合不足	74.70	3	24.90	28.88	0.00362
误差	3.45	4	0.86		
总误差	3395.55	16			

注:回归系数 $R^2=0.9770$,校正系数 $R^2_{adj}=0.9474$。

图 7-11 所示为 CST 真实值与预测值对比图。由图中可看出,实验数据与预测值较为吻合,表明该模型可代替真实值对结果进行分析。

7.2.3　响应曲面图与参数优化

根据酸化、表面活性剂及 Fenton 试剂在联合调理时对 SRF、CST 及泥饼含水率的影响实验结果,通过 Design-Expert 8.0 软件作出响应曲面图以及等高线图。

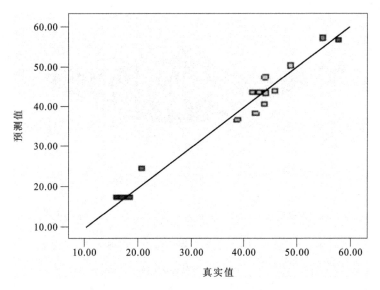

图 7-11 CST 真实值与预测值对比图

7.2.3.1 泥饼含水率响应曲面图与参数优化

泥饼含水率的等高线图及响应曲面图见图 7-12～图 7-17。

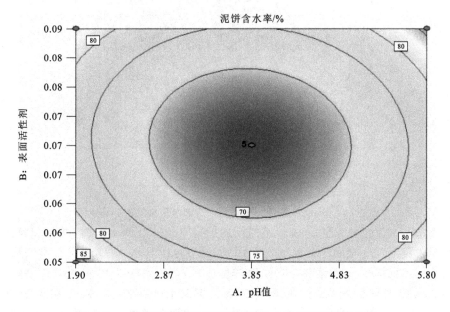

图 7-12 pH 值和表面活性剂对泥饼含水率影响的等高线图

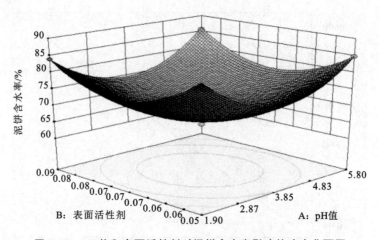

图 7-13　pH 值和表面活性剂对泥饼含水率影响的响应曲面图

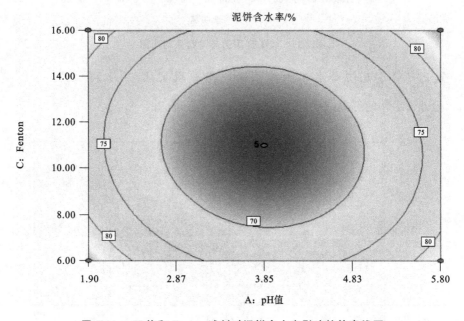

图 7-14　pH 值和 Fenton 试剂对泥饼含水率影响的等高线图

　　图 7-12 和图 7-13 为 Fenton 试剂投加量为 11 mL/100 mL 时，酸化和表面活性剂投加量对泥饼含水率的影响。从图 7-12 中可以看出，等高线图呈椭圆形，说明酸化与表面活性剂两因素交互作用较显著。同时，由图 7-13 可以看出，随着表面活性剂投加量的增加，泥饼含水率呈先下降后上升的趋势，并在投加量为 0.07 mg/mL 时达到最低点；同时，随着 pH 的增大泥饼含水率同样呈现先下降后上升的趋势，在 pH 值为 3.85 时达最小值。

　　图 7-14 和图 7-15 为表面活性剂投加量为 0.07 mg/mL 时，酸化和 Fenton 试

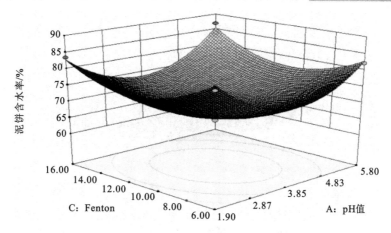

图 7-15　pH 值和 Fenton 试剂对泥饼含水率影响的响应曲面图

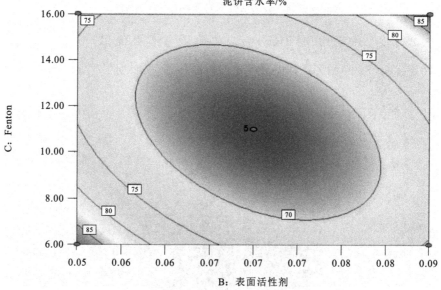

图 7-16　Fenton 试剂和表面活性剂对泥饼含水率影响的等高线图

剂投加量对泥饼含水率的影响。从图 7-14 可以看出,酸化与 Fenton 试剂交互作用对泥饼含水率影响不显著,但从图 7-15 中可以看出,当 pH 值为 3.85 时,随着 Fenton 试剂投加量的增加,泥饼含水率的曲面斜率先减小后增加,在投加量为 11 mL/100 mL 时达到最小。

图 7-16 和图 7-17 为 pH 值为 3.85 时表面活性剂和 Fenton 试剂对泥饼含水率的影响。等高线图呈椭圆形,表明表面活性剂与 Fenton 试剂之间交互作用显著,并且在 Fenton 试剂投加量为 11 mL/100 mL、表面活性剂为 0.07 mg/mL 时泥饼含水率达到最低点。

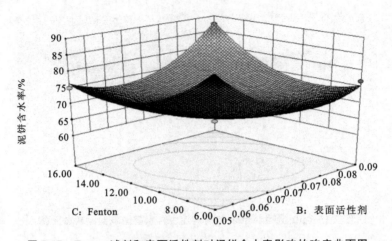

图 7-17　Fenton 试剂和表面活性剂对泥饼含水率影响的响应曲面图

7.2.3.2　污泥比阻（SRF）响应曲面图与参数优化

污泥比阻（SRF）的等高线图和响应曲面图如图 7-18～图 7-23 所示。

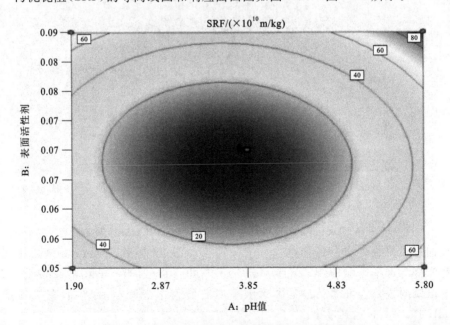

图 7-18　pH 值和表面活性剂对 SRF 影响的等高线图

图 7-18 和图 7-19 为 Fenton 试剂投加量为 11 mL/100 mL 时酸化和表面活性剂对 SRF 的影响。等高线图呈椭圆状表明酸化与 Fenton 试剂交互作用显著，并且从响应曲面图中可看出，随着酸化和 Fenton 试剂两交互因素的投加量的增加，

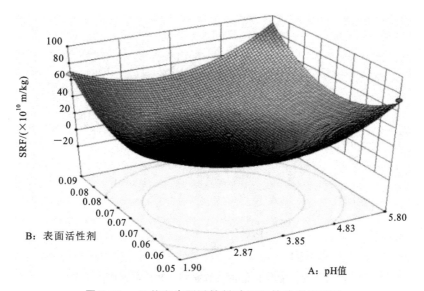

图 7-19　pH 值和表面活性剂对 SRF 的响应曲面图

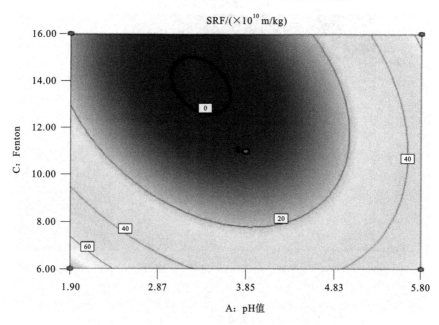

图 7-20　pH 值和 Fenton 试剂对 SRF 影响的等高线图

SRF 呈先减少后增加的趋势,当 pH 值为 3.85,Fenton 试剂投加量为 11 mL/100 mL 时 SRF 到达最低点。

图 7-20 和图 7-21 为表面活性剂投加量为 0.07 mg/mL 时酸化与 Fenton 试剂对 SRF 的影响。由等高线图看出酸化和 Fenton 试剂两因素对 SRF 的交互影响较

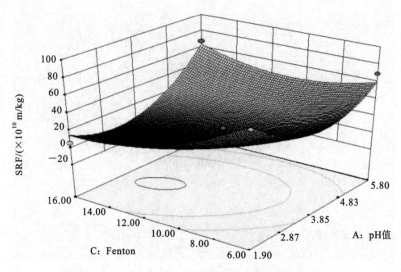

图 7-21　pH 值和 Fenton 试剂对 SRF 影响的响应曲面图

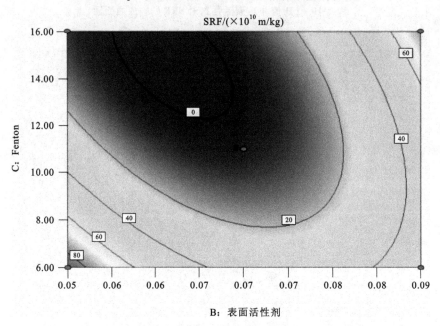

图 7-22　Fenton 试剂和表面活性剂对 SRF 影响的等高线图

为显著，且当 pH 值为 3.85 时，随着 Fenton 试剂投加量的增加，SRF 的曲面斜率先减小后增加；当 Fenton 试剂投加量为 11 mL/100 mL，随着 pH 值的增大，同样 SRF 的曲面斜率先减小后增加，表明 Fenton 试剂和酸化对 SRF 有一定的影响。

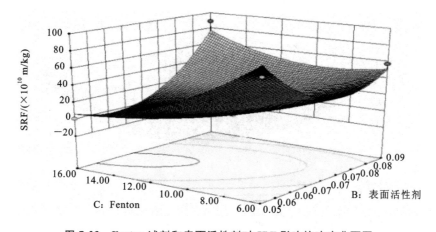

图 7-23　Fenton 试剂和表面活性剂对 SRF 影响的响应曲面图

图 7-22 和图 7-23 为 pH 值为 3.85 时 Fenton 试剂和表面活性剂对 SRF 的影响。等高线图呈马鞍状表明 Fenton 试剂与表面活性剂之间的交互作用显著，并且当 Fenton 试剂为 11 mL/100 mL、表面活性剂为 0.07 mg/mL 时，SRF 达到最低值。

7.2.3.3　污泥毛细吸水时间（CST）响应曲面图与参数优化

污泥毛细吸水时间（CST）的等高线图和响应曲面图如图 7-24～图 7-29 所示。

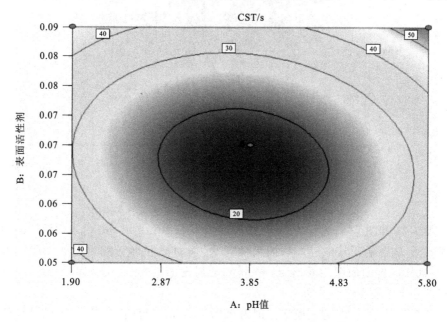

图 7-24　表面活性剂和 pH 值对 CST 影响的等高线图

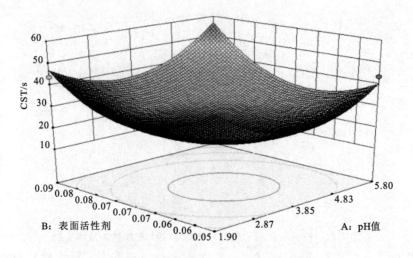

图 7-25 表面活性剂和 pH 值对 CST 影响的响应曲面图

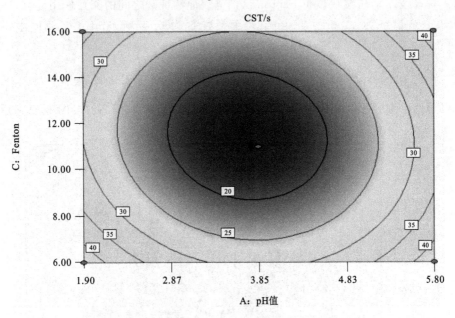

图 7-26 pH 值和 Fenton 试剂对 CST 影响的等高线图

图 7-24 和图 7-25 为 Fenton 试剂投加量为 11 mL/100 mL 时表面活性剂和酸化对 CST 的影响。其中等高线图为椭圆状，表面活性剂与酸化交互作用较为显著，并且从响应曲面图中看出，当 Fenton 试剂投加量为 11 mL/100 mL、pH 值为 3.85 时，SRF 最小。

图 7-26 和图 7-27 为表面活性剂为 0.07 mg/mL 时酸化和 Fenton 试剂对 CST

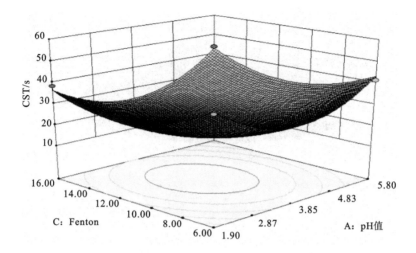

图 7-27　pH 值和 Fenton 试剂对 CST 影响的响应曲面图

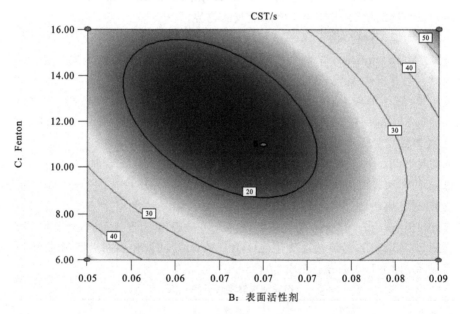

图 7-28　表面活性剂和 Fenton 试剂对 CST 影响的等高线图

的影响。从图中可以看出,CST 随着 pH 值的增高呈先下降后上升的趋势,同样随着表面活性剂投加量的增加呈先下降后上升的趋势,当 pH 值为 3.85、Fenton 试剂投加量为 11 mL/100 mL 时,CST 达到最小值。

图 7-28 和图 7-29 为 pH 值为 3.85 时表面活性剂和 Fenton 试剂对 CST 的影响。该等高线图呈椭圆状,表明表面活性剂与 Fenton 试剂的交互影响较为显著,从响应曲面图也可以看出,当 Fenton 试剂投加量为 11 mL/100 mL 时,随着表面

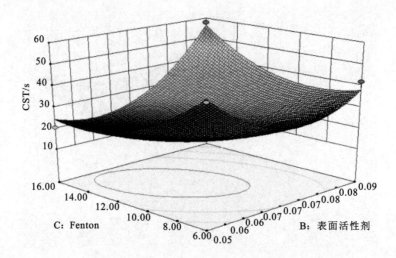

图 7-29   表面活性剂和 Fenton 试剂对 CST 影响的响应曲面

活性剂投加量的增加 CST 呈下降后上升的趋势。

实验为确定酸化、Fenton 试剂及表面活性剂三因素同时作用时的最佳实验条件，通过 Mathematica 8.0 软件对泥饼含水率、CST 以及 SRF 方程模型进行分析，分别对三个方程求偏导，通过矩阵运算确定了三个点，分别为 $X_1 = 0.299, X_2 = -0.0095, X_3 = 0.8384$；$X_1 = -0.34, X_2 = -0.047, X_3 = 0.955$；$X_1 = -0.044, X_2 = -0.24, X_3 = 0.228$。将以上三组数据代入方程算出 CST、泥饼含水率和 SRF，计算结果见表 7-8。

结果表明，当 $X_1 = -0.044, X_2 = -0.024$ 和 $X_3 = 0.228$ 时，对应于 pH 值、Fenton 试剂和表面活性剂投加量为 3.46、10.77 mL/mL 和 0.046 mg/mL，污泥性能改善效果最为显著，此时 CST 为 16.26 s，泥饼含水率为 67.24%，SRF 为 17.72×10^{10} m/kg。综合考虑处理条件的经济效益和处理效果，并结合上述曲面响应图和等高线图，最终选取酸化（pH 值）、Fenton 试剂和表面活性剂的最佳值分别为 3.85、12 mL/100 mL 和 0.07 mg/mL。

表 7-8   编码值和真实值计算结果

数据组号	编码值			真实值			CST/s	泥饼含水率/%	SRF/($\times 10^{10}$ m/kg)
	X_1	X_2	X_3	ε_1	ε_2	ε_3			
第一组	0.299	−0.01	0.839	4.43	0.07	15.19	26.51	75.64	86.8
第二组	−0.34	−0.047	0.955	6.95	0.07	15.77	24.38	73.72	46.1
第三组	−0.044	−0.024	0.228	3.76	0.07	12.14	16.26	67.24	17.7

7.2.4 最优值验证

7.2.4.1 污泥毛细吸水时间(CST)结果验证

为验证模型方程最佳值的准确度及实用性,实验中将 100 mL 污泥置于 250 mL 烧杯中,设五组实验,1 号为空白实验,2 号为酸化处理,3 号为 Fenton 试剂处理,4 号为表面活性剂处理,5 号为酸化、Fenton 试剂耦合表面活性剂处理,各实验组调理完后,静置 30 min,开始测定 CST。实验结果见图 7-30。

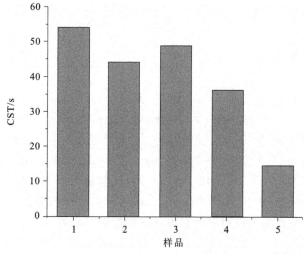

图 7-30 不同处理方式下污泥 CST

由图 7-30 可知,酸化、表面活性剂和 Fenton 试剂对于改善污泥脱水性能有促进作用,当酸化(pH 值为 3.76),Fenton 试剂(12.14 mL/100 mL)及表面活性剂(0.07 mg/mL)进行联合调理时处理效果最佳,此时 CST 降至 14.5 s。

7.2.4.2 污泥比阻(SRF)与泥饼含水率结果验证

对原始污泥,酸化调理后污泥,Fenton 试剂调理后污泥,表面活性剂调理后污泥以及酸化、Fenton 试剂协同表面活性剂调理后的污泥进行分析。取 5 个 250 mL 的烧杯,依次编号 1、2、3、4、5,分别加入 100 mL 污泥。1 号为对照组,2 号污泥用 10% H_2SO_4 将 pH 调至 3.76,3 号污泥加入 0.07 mg 表面活性剂,4 号污泥加入 12.14 mL Fenton 试剂,5 号先将 pH 调至 3.76,再加入 0.07 mg 表面活性剂,最后加入 12.14 mL Fenton,搅拌,静置 30 min。在 0.04 MPa 的真空压力下进行抽滤,根据记录数据计算出 SRF。抽滤后的泥饼进行含水率测定。其中 SRF 分别测得为 703.21×10^{10} m/kg、198.58×10^{10} m/kg、266.34×10^{10} m/kg、44.15×10^{10} m/kg、38.85×10^{10} m/kg。结果见图 7-31。

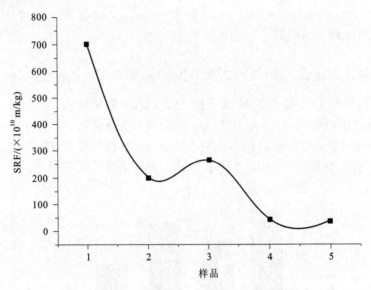

图 7-31　不同条件下各污泥比阻 SRF

如图 7-31 所示,酸化、Fenton 试剂以及表面活性剂对于污泥脱水性能均有促进作用,并且当 pH 为 3.76,表面活性剂为 0.07 mg/mL、Fenton 试剂为 12.14 mL/100 mL 时效果最佳,此时 SRF 为 38.85×10^{10} m/kg,同时,泥饼含水率在此条件下也降至最低值,泥饼含水率为 64.3%,与 Design-Expert 8.0 软件所得到预测值相似,故酸化、Fenton 试剂及表面活性剂对改善污泥脱水性能有显著效果。

7.2.5　其他验证准确度方法

7.2.5.1　污泥热重结果分析

对原污泥和调理后污泥进行热重分析,分析结果见图 7-32。

图 7-32(a)为原始污泥的热解分析图,在 TG 曲线中存在一个失重段,失重段温度范围为 63.43～120 ℃,峰值温度为 86.07 ℃,相对应 DTG 曲线有一个失重峰,该阶段失重峰的出现原因在于污泥内水分的大量蒸发,此时失重率为 19.38%/min,热解终止时温度为 599.27 ℃,残留质量为 6.16%,在该阶段污泥热重损失,主要是在一定温度下脂肪等大分子有机物的分解导致。

图 7-32(b)为酸化、表面活性剂联合调理污泥的热重分析图,首先从 TG 曲线中可看出存在一个明显的失重段,失重的温度范围是 60.45～96 ℃,且有两个失重的峰值温度,分别为 83.76 ℃、108.22 ℃,对应于 DTG 曲线为两个失重峰,第一个失重峰为失水峰,失重率分别为 15.72%/min;第二个失重峰的产生,是由于经过复合调理后,污泥中存在的其他物质的燃烧,其失重率为 10.01%/min。在 80 ℃时质量减少58.42%,热解终止温度为 599.30 ℃,残留质量为 14.56%,且质量减少了 23.49%。

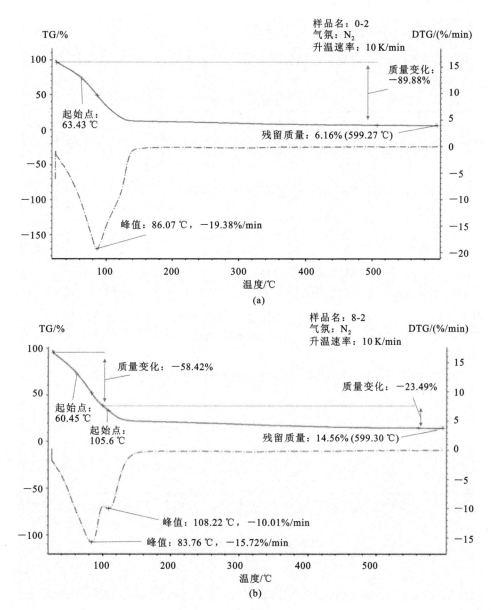

图 7-32　原污泥和调理后污泥热重分析曲线

（a）原污泥；（b）调理后污泥

与原污泥热重曲线对比发现，经过酸化、Fenton 试剂及表面活性剂调理后的污泥，深度脱水起始温度以及失重峰的出现都明显提前，说明经复合调理后污泥的水分更容易脱除，酸化、Fenton 试剂联合表面活性剂对污泥的调理能够明显改善污泥脱水性能。

7.2.5.2 污泥粒径结果分析

实验采用激光粒度分析法对原始污泥样品和调理后污泥样品进行分析，分析数据见表 7-9。

表 7-9　　　　　　　　　　　　　粒径分析数据

指标\样品	体积浓度/%	径矩/ μm	比表面积/ (m^2/kg)	$D[3,2]/ \mu m$	$D[4,3]/ \mu m$	$D[10]/ \mu m$	$D[50]/ \mu m$	$D[90]/ \mu m$
原污泥	0.06	3.422	125.6	47.8	132	22.4	85.3	314
调理后污泥	0.02	9.423	380.6	15.8	92.7	5.9	32.1	308

注：$D[3,2]$ 表示表面积平均粒径，$D[4,3]$ 表示体积平均粒径。

表中数据显示，经过酸化、Fenton 试剂及表面活性剂复合调理后，污泥浓度由 0.06% 降至 0.02%，径矩则由 3.422 μm 增加至 9.423 μm，比表面积由 125.6 m^2/kg 增加至 380.6 m^2/kg。原始污泥颗粒粒径小于 22.4 μm 的颗粒体积含量所占比例为 50%，即 $D_x(50)$ 为 85.3 μm，而调理后污泥 $D_x(50)$ 减少至 5.9 μm，污泥颗粒比表面积增大，说明经酸化、Fenton 试剂及表面活性剂联合调理有利于改善污泥脱水性能。

图 7-33 和图 7-34 分别为原污泥和调理后污泥粒径结果分析图。

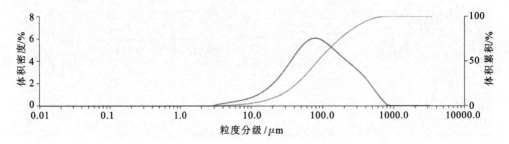

图 7-33　原污泥粒径结果分析

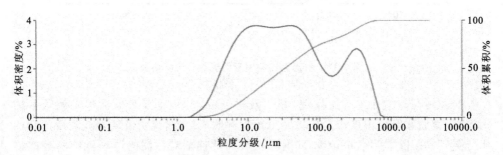

图 7-34　调理后污泥粒径结果分析

从图 7-33 中可看出,粒量分级约 80 μm 时,体积密度最大;粒量分级约 1000 μm 时,体积累积为 100%。从图 7-34 中可看出,粒量分级在 50~900 μm 处时,体积密度均超过 2%,而相比原污泥,体积累计曲线在粒量分级为 80 μm 处出现波动。综合分析表格数据及曲线,经酸化、Fenton 试剂及表面活性剂复合处理后,污泥粒径分布较为集中,颗粒比表面积增大,污泥中水分易脱除。故酸化、Fenton 试剂及表面活性剂联合处理可改善城市污泥脱水性能。

7.3   结   论

(1) RSM 建立了 CST,泥饼含水率和 SRF 的方程模型,方程模型的相关系数 R^2 值分别为 0.9847、0.9441 和 0.9474,模型拟合度较好,可较为准确地对酸化、Fenton 试剂和联合表面活性剂不同投加量下污泥 CST、SRF 及泥饼含水率进行预测。

(2) 酸化、Fenton 试剂和表面活性剂对污泥的联合调理,对改善污泥脱水性能的影响显著,且调理污泥的最佳 pH 范围、Fenton 试剂和表面活性剂投加量范围分别为 1.9~5.8、6~16 mL/100 mL 和 0.05~0.09 mg/mL。

(3) 实验结果表明,酸化(pH 值)、Fenton 试剂联合表面活性剂最佳投加量分别为 3.85、12 mL/100 mL 和 0.07 mg/mL,此时污泥比阻为 38.85×10^{10} m/kg,CST 为 14.5 s,以及泥饼含水率为 64.3%,与模型预测值基本相符合。

(4) 热重分析曲线表明,经过复合调理后,污泥的热重分析曲线中深度脱水起始温度以及失重峰均明显提前,说明污泥中水分易脱除,酸化、Fenton 试剂联合表面活性剂对污泥的脱水性能有明显改善的作用。

(5) 污泥粒度结果分析表明,经酸化、Fenton 试剂和表面活性剂复合处理后,污泥浓度由 0.06% 降至 0.02%,径矩则由 3.422 μm 增加至 9.423 μm,比表面积由 125.6 m²/kg 增加至 380.6 m²/kg。原始污泥颗粒粒径小于 22.4 μm 的颗粒体积含量所占比例为 50%,即 $D_x(50)$ 为 85.3 μm,而调理后污泥 $D_x(50)$ 减少至 5.9 μm,污泥颗粒比表面积增大,污泥粒径分布较为集中,颗粒比表面积增大,污泥中水分易脱除。

参考文献

[1] 王怡,郑淑健,曲鹏程,等.不同生物营养物处理工艺剩余污泥中温水解特性[J].环境工程学报,2014,8(2):723-728.

［2］　张辰,王逸贤,谭学军,等.城镇污水处理厂污泥处理稳定标准研究［J］.给水排水,2017,53(9):137-140.

［3］　戴晓虎,薛勇刚,刘旭军,等.小城镇污水处理厂污泥土壤化植物床的运行［J］.环工程报,2017,11(5):3099-3106.

［4］　杨春雪.嗜热菌强化剩余污泥水解及短链脂肪酸积累规律研究［D］.哈尔滨:哈尔滨工业大学,2015.

［5］　洪晨,邢奕,司艳晓,等.芬顿试剂氧化对污泥脱水性能的影响［J］.环境科学研究,2014,27(6):615-622.

［6］　黄绍松,梁嘉林,张斯玮,等.Fenton氧化联合氧化钙调理对污泥脱水的机理研究［J］.环境科学报,2017,35(11):324-346.

［7］　刘鹏,刘欢,姚洪,等.芬顿试剂及骨架构建体对污泥脱水性能的影响［J］.环境科学与技术,2013,36(10):146-151.

［8］　Amudha V,Kavitha S,Fernandez C,et al. Effect of deflocculation on the efficiency of sludge reduction by Fenton process［J］. Environmental Science and Pollution Research,2016,23(19):19281-19291.

［9］　He D Q,Wang L F,Jiang H,et al. A Fenton-like process for the enhanced activated sludge dewatering［J］. Chemical Engineering Journal,2015,272:128-134.

［10］　刘怡君.芬顿反应强化污泥脱水试验及机理研究［J］.环境工程,2017,35(4):55-59.

［11］　马俊伟,刘杰伟,曹芮,等. Fenton试剂与CPAM的联合调理对污泥脱水效果的影响研究［J］. 2014,34(9):3301-3538.

［12］　李雪,李飞,曾光明,等.表面活性剂对污泥脱水性能的影响及其作用机理［J］. 环境工程学报,2016,10(5):2221-2226.

［13］　黄翔峰,穆天帅,申昌明,等.表面活性剂在剩余污泥处理中的作用机制研究进展［J］. 环境工程学报,2016,10(12):6819-6826.

［14］　Asok A K,Jisha M S. Biodegradation of the Anionic Surfactant Linear Alkylbenzene Sulfonate（LAS）by Autochthonous Pseudomonas sp. Water,Air and Soil Pollution［J］. Chemical Engineering Journal, 2012,223(8):5039-5048.

［15］　于文华,濮文虹,时亚飞,等.阳离子表面活性剂与石灰联合调理对污泥脱水性能的影响［J］.环境化学,2013,32(9):1785-1791.

［16］　邢奕,王志强,洪晨,等.芬顿试剂与DDBAC联合调理污泥的工艺优化［J］.中国环境科学,2015,35(4):1164-1172.

［17］　Hong C,Wang Z Q,Si Y X,et al. Improving sludge dewaterability by combined conditioning with Fenton's reagent and surfactant[J]. Environmental Biotechnology,2017,101(2):809-816.

[18]　Ren M M，Yuan X Z，Zhu Y，et al. Effect of different surfactants on removal efficiency of heavy metals in sewage sludge treated by a novel method combining bio-acidification with Fenton oxidation[J]. Environmental Biotechnology, 2014,21(12):4623-4629.

[19]　谢武明,邢瑜,张宁,等.氧化亚铁硫杆菌与硫酸改善城市污泥的脱水性能[J].华南师范大学学报:自然科学版,2017,49(5):48-53.

[20]　张鹏源,韩永忠,戴荣.硫酸与 H_2O_2 快速联合调理对含铁剩余污泥脱水性能的改善[J].环境工程学报,2017,11(5):3142-3147.

[21]　高斌杰,柯水洲.双氧水与硫酸铝联用改善污泥脱水性能的试验研究[J].环境工程,2017,35(8):62-66,107.

[22]　谢武明,马峡珍,李俊.酸浸赤泥制备含碳聚硅酸铝铁絮凝剂及其污泥脱水性能研究[J].环境科学学报,2017,37(9):3464-3470.

[23]　何文远,杨海真,顾国维.酸处理对活性污泥脱水性能的影响及其作用机理[J].环境污染与防治,2006(9):680-682,706.

[24]　刘鹏,刘欢,姚洪,等.芬顿试剂及骨架构建体对污泥脱水性能的影响[J].环境科学与技术,2013,36(10):146-151.

[25]　洪晨,邢奕,王志强,等.不同 pH 下表面活性剂对污泥脱水性能的影响[J].浙江大学学报:工学版,2014,48(5):850-857.

[26]　邢奕,王志强,洪晨,等.基于 RSM 模型对污泥联合调理的参数优化[J].中国环境科学,2014,34(11):2866-2873.

[27]　肖静,高艳娇.低碳氮比条件对活性污泥粒径分布的影响[J].科学技术与工程,2016,16(22):1671-1815.

8　酸化 Fenton 联合 PAM 改善污泥脱水性能研究

8.1　实验材料与方法

8.1.1　实验材料

实验取用于××市污水处理厂的回流污泥,静置 24 h 后,污泥含水率为 97.46%;化学试剂为 10% 的 H_2SO_4 溶液;Fenton 试剂,由 10% 的 $FeSO_4$ 溶液和 30% 的 H_2O_2 溶液混合制得;聚丙烯酰胺(PAM),相对分子质量为 800 万～1100 万。回流污泥的基本性质见表 8-1。

表 8-1　　　　　　　　　　　污泥性质

序号	参数	数值
1	CST/s	70～110
2	pH 值	6.5～7.5
3	离心沉降比/%	47
4	浊度/NTU	156
5	含水率/%	97.46
6	黏度/(mPa・s)	395

8.1.2　实验所用仪器

实验主要仪器见表 8-2。

表 8-2　　　　　　　　　　　　　　　实验主要仪器

仪器编号	仪器名称	实验项目
1	电子分析天平	称量药品质量(g)
2	卤素水分测定仪	测量污泥含水率(％)
3	80-2 电动离心机	测定污泥离心沉降比(％)
4	SNB-1 旋转黏度计	测量污泥中黏度
5	PHS-3C 实验室 PH 计	测定污泥 pH 值
6	DP123542 CST 测定仪	测定污泥毛细吸水时间(s)
7	便携式浊度测定仪	测定污泥浊度(NTU)
8	比阻(SRF)实验装置	测定污泥比阻(m/kg)
9	光学显微镜	观察污泥表面结构特点
10	Mastersize 3000 粒度分析仪	污泥粒径分析实验
11	热重分析仪	污泥热重分析实验
12	六联同步电动搅拌器	充分搅拌污泥

8.1.3　试验过程

通过单因素实验,得出酸化、Fenton 试剂和 PAM 试剂对污泥脱水性能影响的各项指标数据,利用 Origin 8.0 软件将数据转换成图像,从中得出各单因素对剩余污泥的最佳反应条件。

根据单因素的实验结果,通过 Design-Expert 8.0 软件得出 17 组三因素协同数据,并根据这 17 组数据进行三因素联合改善污泥脱水性能的实验,得到三因素联合实验的各项指标数据,再利用 Design-Expert 8.0 软件得出三因素实验的各项指标的真实值和预测值、回归方程和曲面响应优化模型,并对其进行分析。

通过曲面响应优化得出三因素联合改善污泥脱水性能的最佳反应条件,并进行验证实验、污泥形状光学显微镜分析、热重分析和粒径分析来验证最佳实验条件的准确性。

8.1.4　污泥脱水性能指标分析方法

8.1.4.1　污泥毛细吸水时间（CST）的测定

毛细吸水时间（CST）是表示污泥脱水性能的指标之一，CST越小，污泥脱水性能越好，反之越差。本实验分别取不同投加量的Fenton试剂和PAM试剂的污泥，用毛细吸水时间（CST）测定仪分别多次测定它们的CST，并记录取平均值，对比确定各单因素对剩余污泥的最佳反应条件。

8.1.4.2　污泥离心沉降率、上清液浊度的测定

在本实验中分别将不同投加量的Fenton试剂和PAM试剂的污泥倒入10 mL离心管中，并做对应编号后，将6支离心管放入离心机，在1000 r/min转速下进行离心，分别观察1 min、3 min、5 min后剩余污泥的沉降体积变化并计算出污泥离心沉降比，然后对离心后的污泥上清液用浊度测定仪测定其浊度，并记录。对比确定各单因素对剩余污泥的最佳反应条件。

8.1.4.3　泥饼含水率的测定

将100 mL加入不同投加量的Fenton试剂和PAM试剂的污泥倒入污泥比阻（SRF）实验装置的漏斗中，使污泥在0.04 MPa的真空压力下进行抽滤，当污泥彻底干裂后停止抽滤，取3~5 g泥饼使用卤素水分测定仪测定其含水率并记录，对比确定各单因素对剩余污泥的最佳反应条件。

8.1.4.4　光学显微镜分析

取100 mL的剩余污泥，调节污泥pH值为3.45，再分别投加11 mL的Fenton试剂和0.35 mg的PAM试剂于污泥中，搅拌后静置30 min，再次搅拌均匀后取一滴污泥置于光学显微镜上的载玻片上，将图像调至清晰后观察污泥的表面结构，并与原污泥的表面结构对比进行分析。

8.1.4.5　污泥热重（DTG-TG）分析

取100 mL的剩余污泥，调节污泥pH值为3.45，再分别投加11 mL的Fenton试剂和0.35 mg的PAM试剂于污泥中，搅拌后静置30 min，再次搅拌均匀后分别取原污泥和用酸化、Fenton试剂联合PAM试剂调理后的剩余污泥于离心管中，以1000 r/min的转速对其进行离心6 min，用热重分析仪对取离心后的污泥进行热重（DTG-TG）分析。

8.1.4.6　粒径分析

取 100 mL 的剩余污泥,调节污泥 pH 值为 3.45,再分别投加 11 mL 的 Fenton 试剂和 0.35 mg 的 PAM 试剂于污泥中,搅拌后静置 30 min,再次搅拌均匀后分别取原污泥和用酸化、Fenton 试剂联合 PAM 试剂调理后的剩余污泥于离心管中,以 1000 r/min 的转速对其进行离心 6 min,用 Mastersize 3000 粒度分析仪对离心后的污泥进行粒径分析。

8.2　结果与讨论

8.2.1　单因素实验

8.2.1.1　酸处理对污泥脱水性能的影响

分别取剩余污泥 100 mL 于烧杯中,并用 10% H_2SO_4 溶液分别将其调节至预定的 pH 值,搅拌均匀,并静置 60 min。再分别测定毛细吸水时间(CST)、离心沉降比、离心上清液浊度以及泥饼含水率。酸处理对污泥脱水性能的影响如图 8-1~图 8-3 所示。

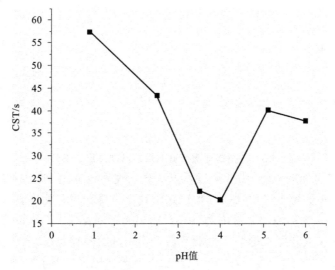

图 8-1　酸处理对污泥 CST 的影响

由图 8-1~图 8-3 可知,剩余污泥的 CST、离心沉降比、浊度以及泥饼含水率随 pH 值的增加呈先下降后升高的趋势,当 pH 值在 0.9~4 之间时呈下降趋势,在

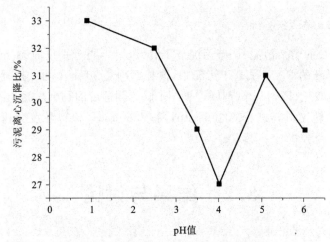

图 8-2 酸处理对污泥离心沉降比的影响

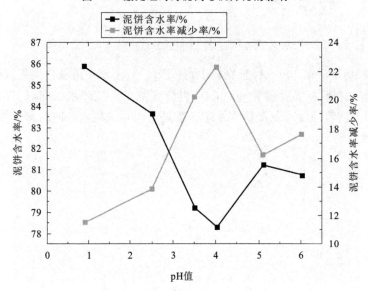

图 8-3 酸处理对泥饼含水率及其减少率的影响

4～6 之间时又呈回升趋势,因此可以看出剩余污泥在不同的酸性环境下的脱水性能不同。在 pH 值为 4 时,污泥的 CST、污泥离心沉降比以及泥饼含水率均达到最佳值,CST 为 20.2 s,泥饼含水率为78.36％,离心沉降比为 27％,说明酸处理在一定范围内对改善剩余污泥的脱水性能有促进作用,酸化对剩余污泥的最佳点在 pH值 3.0～4.5 之间。周健等推测 pH 能改变胶体表面电荷并具有中和电荷的能力,随着 pH 值的调节,胶体颗粒的表面电荷改变,进而改变颗粒间的相互斥力,进而改变污泥的脱水性能。何文远等在酸处理对活性污泥脱水性能的影响及其作用机理的研究中发现,酸处理可以改变活性污泥的水分分布,使结合水含量减少,将部分间隙水变成自由水,进一步说明了酸处理可以在一定程度上改善污泥的脱水性能。

8.2.1.2　Fenton 试剂对污泥脱水性能的影响

分别取剩余污泥 100 mL 于烧杯中,并用 10% 的 Fe_2SO_4 溶液与 30% H_2O_2 同体积混合配置,搅拌均匀,置于六联同步搅拌器以 250 r/min 的速度搅拌至 Fenton 试剂完全反应。再分别测定毛细吸水时间(CST)、离心沉降比、离心上清液浊度以及泥饼含水率。Fenton 试剂对污泥脱水性能的影响如图 8-4~图 8-6 所示。

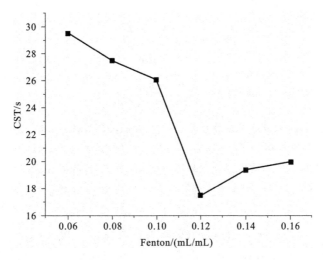

图 8-4　Fenton 试剂对污泥 CST 的影响

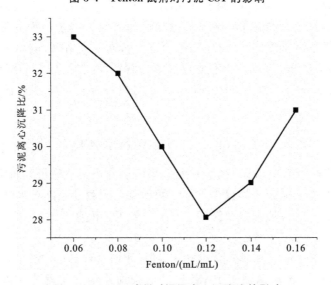

图 8-5　Fenton 试剂对污泥离心沉降比的影响

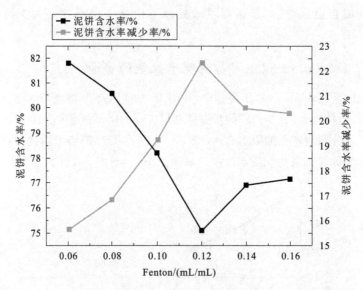

图 8-6　Fenton 试剂对污泥泥饼含水率及其含水率减少率的影响

　　由图 8-4～图 8-6 可知,在 Fenton 试剂的投加量为 0.12 mL/mL 时,污泥的毛细吸水时间(CST)、离心沉降比、离心上清液浊度以及泥饼含水率均达到最佳值,毛细吸水时间为 17.5 s,泥饼含水率为 75.11%,离心沉降比为 28%。当 Fenton 试剂投加量超出 0.12 mL/mL 时,污泥的含水量又有所回升,因此可以看出 Fenton 试剂在一定范围内对改善剩余污泥的脱水性能有促进作用,Fenton 试剂的最佳投加量范围是 0.11～0.13 mL/mL。潘胜等在实验中发现,Fenton 试剂对污泥进行处理后,泥饼含水率从 97.46% 降至了 74.21%。杜艳等在研究污泥好氧消化的同时加入 Fenton 试剂,发现 Fenton 试剂投加量的增大有利于污泥的悬浮固体的去除,并且脱水性能分别提高了 72.9% 和 86%。陈英文等在 Fenton 氧化破解剩余污泥的实验研究得出,Fenton 氧化法能有效破解污泥,提高污泥的沉降性,使泥水更加容易分离。这进一步说明了 Fenton 试剂在一定程度上能够改善污泥脱水性能。

8.2.1.3　聚丙烯酰胺(PAM)对污泥脱水性能的影响

　　分别取剩余污泥 100 mL 于烧杯中,并用电子分析天平称量不同质量的 PAM,并倒入烧杯中,充分搅拌后静置 30 min。再对其分别测定毛细吸水时间(CST)、离心沉降比、离心上清液浊度以及泥饼含水率。聚丙烯酰胺(PAM)对污泥脱水性能的影响如图 8-7～图 8-9 所示。

　　由图 8-7～图 8-9 可知,剩余污泥的毛细吸水时间(CST)、离心沉降比、离心上清液浊度以及泥饼含水率随着 PAM 试剂的投加量增加均呈先下降再升高的趋

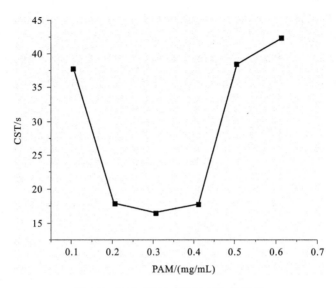

图 8-7　PAM 试剂对污泥 CST 的影响

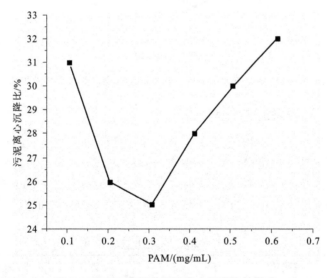

图 8-8　PAM 试剂对污泥离心沉降比的影响

势。当 PAM 试剂的投加量为 0.3 mg/mL 时,CST、离心沉降比以及泥饼含水率均达到最佳值。CST 为 16.5 s,泥饼含水率为 73.21%,离心沉降比为 25%,离心上清液浊度为 62 NTU。这说明 PAM 试剂在一定范围内对改善剩余污泥的脱水性能有促进作用,聚丙烯酰胺(PAM)对剩余污泥的最佳点在 0.2~0.4 mg/mL 之间。在实验过程中,可明显观察到污泥在搅拌过程中逐渐絮凝成絮体颗粒,并且颗粒随沉降时间逐渐变大。PAM 试剂的投加量越大,絮凝效果越明显。斐晋等在

PAM 试剂对污泥脱水性能改善及毒性削减的实验结果显示，污泥的污泥比阻与含固率相比原污泥分别改善了81.64%和65.20%。刘军平等在 PAM 试剂对活性污泥特性的影响研究中表明，一定浓度的 PAM 试剂能够增强污泥的沉降能力。这进一步说明了 PAM 试剂可以在一定程度上改善污泥的脱水性能。

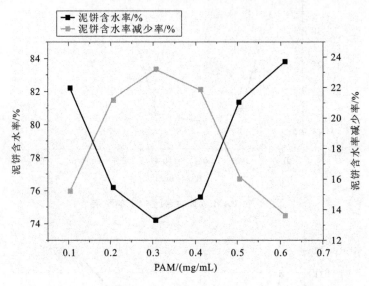

图 8-9　PAM 试剂对污泥泥饼含水率及其含水率减少率的影响

8.2.2　多因素模型方差分析

在单因素实验中，分别确定了 3 个单因素的最佳适用范围，酸处理、Fenton 试剂、PAM 试剂最佳适用范围为 3.0～4.5、0.11～0.13 mL/mL、0.2～0.4 mg/mL。将单因素的实验数据输入 Design-Expert 8.0 软件，通过 Box-Behnken 实验方案实验得到了三因素联合作用的结果，如表 8-3 所示。对表 8-3 中的数据进行分析，得出结论。

表 8-3　　　　　　　　　　　　响应面实验设计及结果

编号	编码值			CST/s		泥饼含水率/%		离心沉降比/%	
	X_1	X_2	X_3	真实值	预测值	真实值	预测值	真实值	预测值
1	0	−1	−1	30.870	31.390	77.200	76.763	34.000	33.875
2	1	0	−1	36.600	35.296	75.300	74.950	31.000	31.125
3	0	0	0	14.100	14.700	70.200	70.700	24.000	23.200
4	0	0	0	14.400	14.700	70.800	70.700	23.000	23.200

编号	编码值			CST/s		泥饼含水率/%		离心沉降比/%	
	X_1	X_2	X_3	真实值	预测值	真实值	预测值	真实值	预测值
5	1	−1	0	38.800	38.559	77.300	78.062	34.000	33.750
6	1	1	0	28.600	28.841	75.100	74.337	30.300	30.250
7	0	0	0	14.100	14.700	71.400	70.700	23.000	23.200
8	−1	1	0	37.500	36.716	75.800	75.013	32.000	32.000
9	−1	0	−1	38.000	37.721	78.100	77.775	35.000	35.375
10	1	0	1	27.500	27.779	76.300	76.625	32.000	31.625
11	1	−1	0	32.600	33.384	75.700	76.487	31.000	31.000
12	0	1	−1	32.200	33.263	73.300	74.413	33.000	32.625
13	0	−1	1	34.100	33.038	78.100	76.987	32.000	32.375
14	0	1	1	25.300	24.780	73.700	74.138	31.000	31.125
15	0	0	0	15.600	14.700	71.000	70.700	21.000	23.200
16	0	0	0	14.700	14.700	70.100	70.700	25.000	23.200
17	−1	0	1	37.100	38.404	75.700	76.050	32.000	31.875

8.2.2.1 泥饼含水率模型方差分析

由 Design-Expert 8.0 软件计算得泥饼含水率的方程模型为：

$$WC = 70.70 - 0.56X_1 - 1.30X_2 - 0.012X_3 + 0.22X_1X_2 +$$
$$0.85X_1X_3 - 0.12X_2X_3 + 3.02X_1^2 + 2.25X_2^2 + 2.63X_3^2 \quad (8\text{-}1)$$

在式(8-1)中,pH 值,Fenton 试剂、PAM 试剂的系数由 Design-Expert 8.0 软件得出,系数都小于零,并有极小值,所以可以进行最优分析。对该模型进行分析,分析结果见表 8-4,其中模型的 F 值为 13.30,P 值为 0.0013,说明了泥饼含水率预测的准确性较高,模型的校正系数 $R_{adj}^2 = 0.8737$,模型回归系数 $R^2 = 0.9448$,比较接近 1,说明模型可以较好地反应实验数据,可以对 Fenton 试剂和 PAM 试剂在联合调理污泥不同投加量条件下的含水率进行预测。

之后对泥饼含水率的实验值和预测值进行对比,如图 8-10 所示,对比结果相差不多,说明实验所得数据较为准确。

表 8-4 泥饼含水率回归方程模型的方差分析

来源	平方和	自由度	均方	F	$P(\text{Prob}>F)$
	SS	DF	MS		
模型	118.31	9	13.15	13.30	0.0013
X_1	2.53	1	2.53	2.556	0.1535
X_2	13.52	1	13.52	13.68	0.0077
X_3	1.250×10^{-3}	1	1.250×10^{-3}	1.265×10^{-3}	0.9726
X_1X_2	0.20	1	0.20	0.20	0.6645
X_1X_3	2.89	1	2.89	2.92	0.1310
X_2X_3	0.063	1	0.063	0.063	0.8087
X_1^2	38.53	1	38.53	38.99	0.0004
X_2^2	21.32	1	21.32	21.57	0.0024
X_3^2	29.01	1	29.01	29.36	0.0010
残差	6.92	7	0.99		
拟合不足	5.72	3	1.91	6.35	0.0530
误差	1.20	4	0.30		
总误差	125.22	16			

注：回归系数 $R^2=0.9448$，校正系数 $R_{\text{adj}}^2=0.8737$。

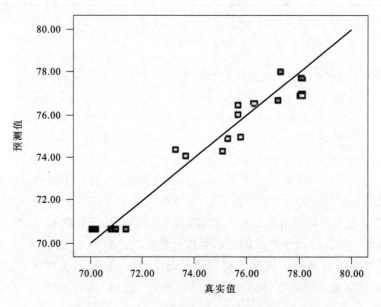

图 8-10 泥饼含水率的真实值和预测值的对比

8.2.2.2　污泥离心沉降比模型方差分析

由 Design-Expert 8.0 软件计算得污泥离心沉降比的方程模型为：

$$离心沉降比 = 23.20 - 1.12X_1 - 0.62X_2 - 0.75X_3 + 0.25X_1X_2 + 1.00X_1X_3 +$$
$$2.34X_2X_3 + 4.27X_1^2 + 4.27X_2^2 + 5.03X_3^2 \tag{8-2}$$

在式(8-2)中,pH 值、Fenton 试剂、PAM 试剂的系数由 Design-Expert 8.0 软件得出,系数都小于 0,并有极小值,所以可以进行最优分析。对该模型进行分析,分析结果见表 8-5。

表 8-5　　　　　　　　　**离心沉降比回归方程模型的方差分析**

来源	平方和	自由度	均方	F	P(Prob>F)
	SS	DF	MS		
模型	312.57	9	34.73	25.46	0.0002
X_1	10.12	1	10.12	7.42	0.0296
X_2	3.12	1	3.12	2.29	0.1739
X_3	4.50	1	4.50	3.30	0.1122
X_1X_2	0.25	1	0.25	0.18	0.6815
X_1X_3	4.00	1	4.00	2.93	0.1306
X_2X_3	-5.684×10^{-4}	1	-5.684×10^{-4}	-4.167×10^{-4}	1.0000
X_1^2	76.95	1	76.95	56.40	0.0001
X_2^2	76.95	1	76.95	56.40	0.0001
X_3^2	106.32	1	106.32	77.93	< 0.0001
残差	9.55	7	1.36		
拟合不足	0.75	3	0.25	0.11	0.9476
误差	8.80	4	2.20		
总误差	322.12	16			

注:回归系数 $R^2 = 0.9704$,校正系数 $R_{adj}^2 = 0.9322$。

由表 8-5 可知,其中模型的 F 值为 25.46,P 值为 0.0002,说明了污泥离心沉降比预测的准确性较高,模型的校正系数 $R_{adj}^2 = 0.9322$,模型回归相关系数 $R^2 = 0.9704$,比较接近 1,说明模型可以较好地反应实验数据,可以对 Fenton 试剂和 PAM 在联合调理污泥不同投加量条件下的污泥离心沉降比进行预测。

对污泥离心沉降比的真实值和预测值进行对比,如图 8-11 所示。

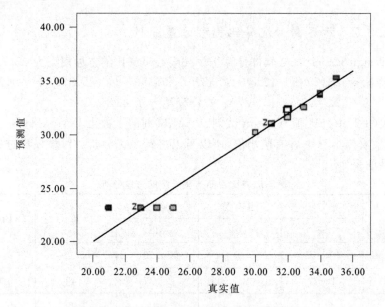

图 8-11 离心沉降比的真实值和预测值的对比

由图 8-11 可知，对比结果相差不多，说明实验所得数据较为准确。

8.2.2.3 毛细吸水时间（CST）模型方差分析

由 Design-Expert 8.0 软件计算得到毛细吸水时间（CST）的方程模型为：

$$CST = 23.20 - 1.12X_1 - 0.62X_2 - 0.75X_3 + 0.25X_1X_2 + 1.00X_1X_3 - 2.43X_2X_3 + 4.27X_1^2 + 4.27X_2^2 + 5.03X_3^2 \qquad (8-3)$$

毛细吸水时间（CST）回归方程模型的方差分析见表 8-6。

表 8-6　　　　　　　　毛细吸水时间（CST）回归方程模型的方差分析

来源	平方和	自由度	均方	F	P(Prob>F)
	SS	DF	MS		
模型	1431.91	9	159.10	124.32	<0.0001
X_1	85.15	1	85.15	66.54	<0.0001
X_2	20.38	1	20.38	15.93	0.0052
X_3	23.36	1	23.36	18.25	0.0037
X_1X_2	1.82	1	1.82	1.42	0.2716
X_1X_3	16.81	1	16.81	13.14	0.0085
X_2X_3	25.65	1	25.65	20.05	0.0029
X_1^2	599.14	1	599.14	468.16	<0.0001

续表

来源	平方和	自由度	均方	F	P(Prob>F)
	SS	DF	MS		
X_2^2	252.65	1	252.65	197.42	<0.0001
X_3^2	281.131	1	281.13	219.67	<0.0001
残差	8.96	1	1.28		
拟合不足	0.70	3	2.57	8.15	0.0353
误差	1.26	4	0.31		
总误差	1440.86	16			

注:回归系数 $R^2=0.9938$,校正系数 $R_{adj}^2=0.9858$。

在式(8-3)中 pH 值、Fenton 试剂、PAM 试剂的系数由 Design-Expert 8.0 软件得出,系数都小于零,并有极小值,所以可以进行最优分析。对该模型进行分析,分析结果见表 8-6,其中模型的 F 值为 124.32,P 值小于 0.0001,说明 CST 预测的准确性较高,模型的校正系数 R_{adj}^2 为 0.9858,回归系数 R^2 为 0.9938,比较接近 1,说明模型可以较好地反应实验数据,可以对 Fenton 试剂和 PAM 试剂在联合调理污泥不同投加量条件下的 CST 进行预测。

CST 的真实值和预测值进行对比,如图 8-12 所示。对比结果相差不多,说明实验所得数据较为准确。

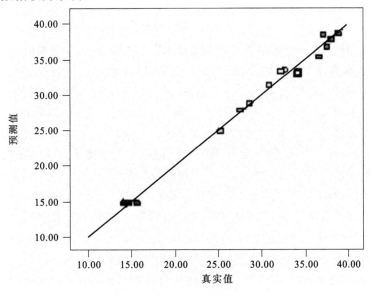

图 8-12　CST 的真实值和预测值的对比

8.2.3 响应曲面图与参数优化

通过多因素模型方差对酸处理、Fenton 试剂和 PAM 试剂的分析，已经得到了三因素在联合调理污泥时，对污泥 CST、离心沉降比、泥饼含水率的影响实验结果，再由 Design-Expert 8.0 软件作出响应曲面图以及等高线图。

8.2.3.1 泥饼含水率响应曲面图与参数优化

泥饼含水率的等高线图及响应曲面图见图 8-13～图 8-18 所示。

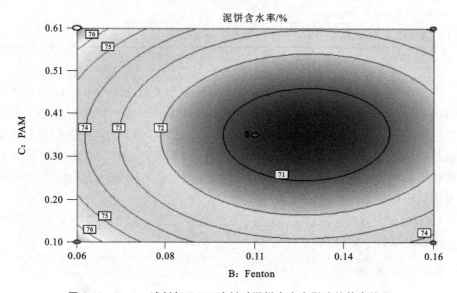

图 8-13 Fenton 试剂与 PAM 试剂对泥饼含水率影响的等高线图

图 8-13 和图 8-14 所示为当 pH 值为 3.45 时，Fenton 试剂与 PAM 试剂联合调理对污泥离心沉降比的影响。不难发现，随着 Fenton 试剂投加量和 PAM 试剂投加量的逐渐增加，污泥离心沉降比逐渐降低，当降到最低点时，为污泥离心沉降比的最佳点，此时，Fenton 试剂的投加量为 0.11 mL/mL，PAM 试剂的投加量为 0.35 mg/mL。但当投加量达到一定值时，污泥离心沉降比又出现回升现象。

图 8-15 和图 8-16 所示为当 PAM 试剂的投加量为 0.35 mg/mL 时，Fenton 试剂与酸处理联合调理对污泥离心沉降比的影响。可以看出，随着 Fenton 试剂投加量和酸处理(pH 值)的提高，污泥离心沉降比逐渐降低，当降到最低点时，为污泥离心沉降比的最佳点，此时，污泥的 pH 值为 3.45，Fenton 试剂投加量为 0.11 mL/mL。但当投加量达到一定值时，污泥离心沉降比又开始逐渐上升。

图 8-17 和图 8-18 表明，当 Fenton 试剂为 0.11 mL/mL 时，pH 值与 PAM 试剂联合调理对污泥离心沉降比的影响，体现出先下降后升高的趋势，当降到最低点

时,为污泥离心沉降比的最佳点,此时污泥的 pH 值为 3.45、PAM 试剂投加量为 0.35 mg/mL。可得出三因素联合对污泥进行调理时,对污泥离心沉降比的改善效果相比单因素调理污泥时有所提高,使污泥脱水性能进一步得到改善,但是对污泥脱水性能改善的最佳效果存在一定的投加量范围。

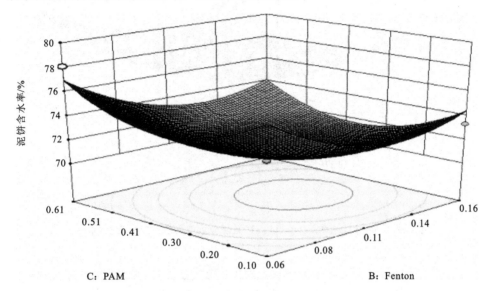

图 8-14　Fenton 试剂与 PAM 试剂对泥饼含水率影响的响应曲面图

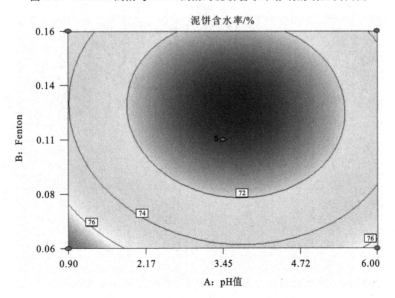

图 8-15　pH 值和 Fenton 试剂对泥饼含水率影响的等高线图

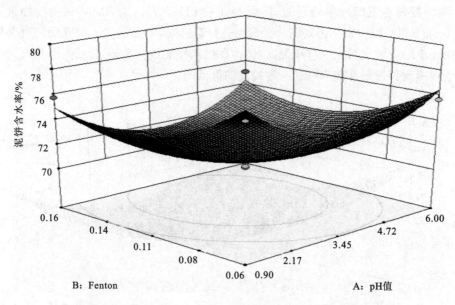

图 8-16　pH 值和 Fenton 试剂对泥饼含水率影响的响应曲面图

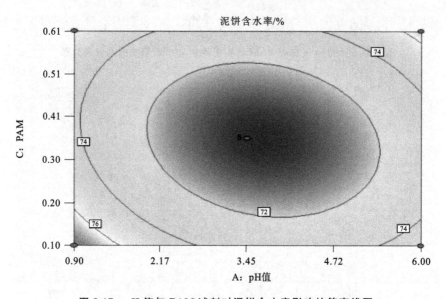

图 8-17　pH 值与 PAM 试剂对泥饼含水率影响的等高线图

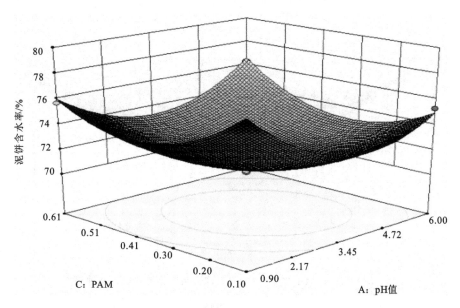

图 8-18　pH 值与 PAM 试剂对泥饼含水率影响的响应曲面图

8.2.3.2　污泥离心沉降比响应曲面图与参数优化

污泥离心沉降比的等高线图及响应曲面图见图 8-19～图 8-24。

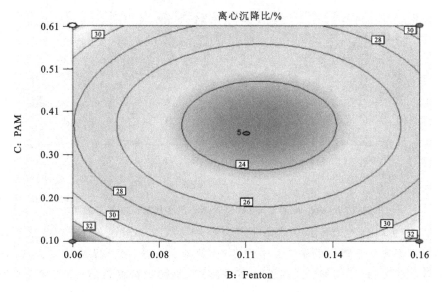

图 8-19　Fenton 试剂与 PAM 试剂对离心沉降比影响的等高线图

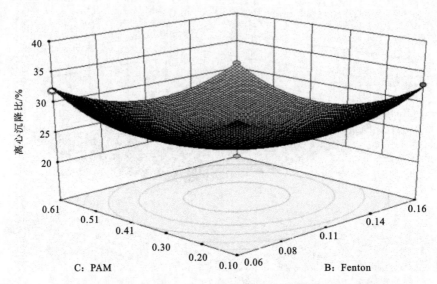

图 8-20　Fenton 试剂与 PAM 试剂对离心沉降比影响的响应曲面图

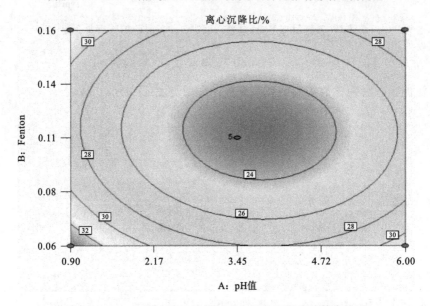

图 8-21　Fenton 试剂与 pH 值对离心沉降比影响的等高线图

　　图 8-19 和图 8-20 所示为当 pH 值为 3.45 时，Fenton 试剂与 PAM 试剂联合调理对污泥离心沉降比的影响。不难发现，随着 Fenton 试剂投加量和 PAM 试剂投加量的逐渐增加，污泥离心沉降比逐渐降低，当降到最低点时，为污泥离心沉降比的最佳点，此时，Fenton 投加量为 0.11 mL/mL，PAM 试剂投加量为 0.35 mg/mL，但当投加量达到一定值时，污泥离心沉降比又出现回升现象。

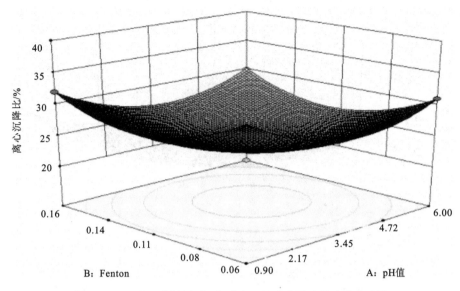

图 8-22　Fenton 试剂与 pH 值对离心沉降比影响的响应曲面图

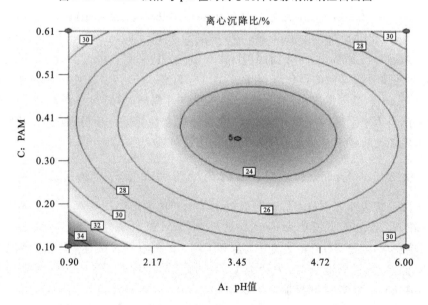

图 8-23　PAM 试剂与 pH 值对离心沉降比影响的等高线图

　　图 8-21 和图 8-22 所示为 PAM 试剂投加量为 0.35 mg/mL 时 Fenton 试剂与酸处理联合调理对污泥离心沉降比的影响。可以看出,随着 Fenton 试剂和酸处理投加量的变化,污泥离心沉降比逐渐降低,当降到最低点时,为污泥离心沉降比的最佳点,此时,污泥的 pH 值为 3.45,Fenton 投加量为 0.11 mL/mL,但当投加量达到一定值时,污泥离心沉降比又开始逐渐上升。

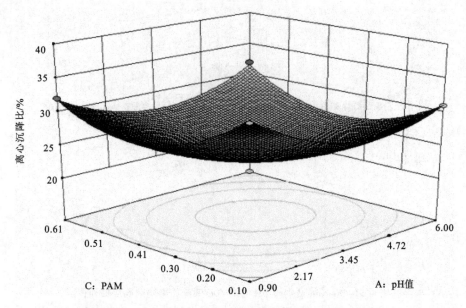

图 8-24　PAM 试剂与 pH 值对离心沉降比影响的响应曲面图

图 8-23 和图 8-24 所示为当 Fenton 试剂为 0.11 mL/mL 时，pH 值与 PAM 试剂联合调理对污泥离心沉降比的影响，体现出先下降后升高的趋势，当降到最低点时，为污泥离心沉降比的最佳点，此时污泥的 pH 值为 3.45、PAM 试剂的投加量为 0.35 mg/mL。可以得出，三因素联合对污泥进行调理时，对改善污泥离心沉降比的效果比单因素调理污泥时有所提高，使污泥脱水性能进一步得到改善，但是对污泥脱水性能改善的最佳效果存在一定的投加量范围。

8.2.3.3　毛细吸水时间（CST）的响应曲面图与参数优化

污泥毛细吸水时间（CST）的等高线图及响应曲面图见图 8-25～图 8-30。

图 8-25 和图 8-26 所示为 Fenton 试剂与 PAM 试剂联合调理对污泥 CST 的影响，不难发现，随着 Fenton 试剂投加量和 PAM 试剂投加量的逐渐增加，污泥 CST 逐渐降低，当降到最低点时，为污泥 CST 的最佳点，此时，Fenton 试剂投加量为 0.11 mL/mL，PAM 试剂投加量为 0.35 mg/mL，但当投加量达到一定值时，污泥 CST 又出现回升现象。

图 8-27 和图 8-28 所示为 PAM 试剂投加量为 0.35 mg/mL 时 Fenton 试剂与酸处理联合调理对污泥 CST 的影响。可以看出，随着 Fenton 试剂和酸处理投加量的增加，污泥 CST 逐渐降低，当降到最低点时，为污泥 CST 的最佳点，此时，污泥的 pH 值为 3.45，Fenton 的投加量为 0.11 mL/mL，但当投加量达到一定值时，污泥 CST 又开始逐渐上升。

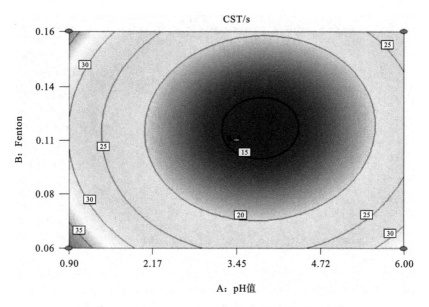

图 8-25　Fenton 试剂与 pH 值对 CST 影响的等高线图

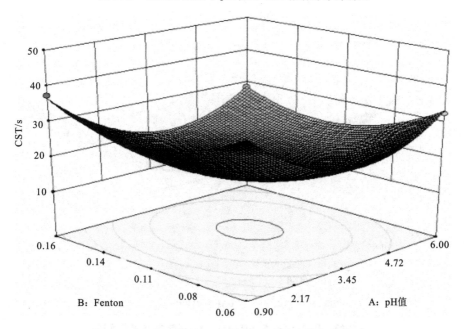

图 8-26　Fenton 试剂与 pH 值对 CST 影响的响应曲面图

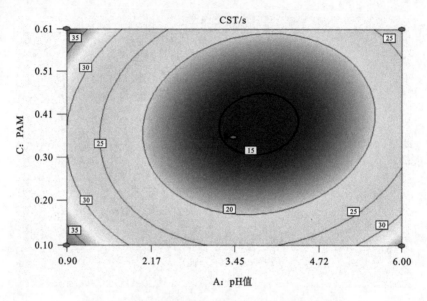

图 8-27　PAM 试剂与 pH 值对 CST 影响的等高线图

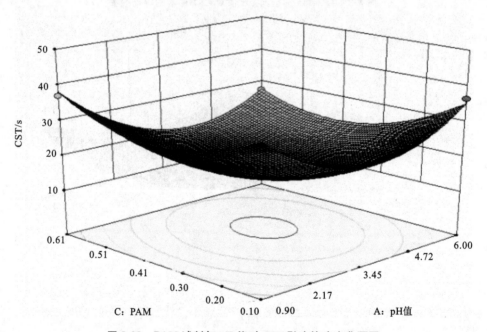

图 8-28　PAM 试剂与 pH 值对 CST 影响的响应曲面图

　　图 8-29 和图 8-30 所示为当 Fenton 试剂为 0.11 mL/mL 时，pH 值与 PAM 试剂联合调理对污泥 CST 的影响。由图可知，污泥 CST 呈现出先下降后升高的趋势，当降到最低点时，为污泥 CST 的最佳点，此时污泥的 pH 值为 3.45、PAM 试剂

的投加量为 0.35 mg/mL。由此可知,三因素联合对污泥进行调理时,对改善泥饼含水率的效果相比单因素调理污泥时有所提高,使污泥脱水性能进一步得到改善,但是对污泥脱水性能改善的最佳效果存在一定的投加量范围。

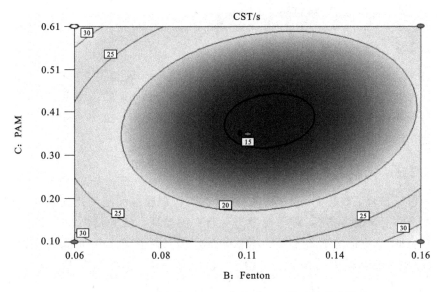

图 8-29　PAM 试剂与 Fenton 试剂对 CST 影响的等高线图

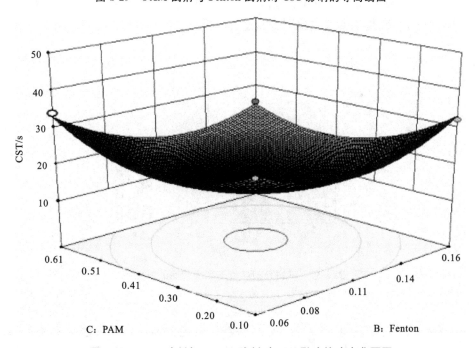

图 8-30　PAM 试剂与 Fenton 试剂对 CST 影响的响应曲面图

通过实验与软件模型验证，得到了剩余污泥脱水性能的最佳参数指标，当 pH 值为 3.45、Fenton 试剂投加量为 0.11 mL/mL、聚丙烯酰胺（PAM）的投加量为 0.35 mg/mL 时，污泥的脱水性能达到最佳，此时污泥的 CST 为 14.1 s，泥饼含水率为 70.1%，污泥 CST 为 21%。

8.2.4 最优值验证

为确定曲面模型最佳条件的准确性和实用性，在 pH 值为 3.45、Fenton 试剂投加量为 0.11 mL/mL、PAM 试剂投加量为 0.35 mg/mL 的条件下进行验证，得到的污泥的 CST 为 13.7 s，泥饼含水率为 70.9%，污泥离心沉降比为 23%，与模型预测值相近。

8.2.5 污泥离心上清液浊度实验验证

为进一步验证酸化 Fenton 联合 PAM 改善污泥脱水性能的药剂最佳投加量，以污泥离心上清液为指标，对污泥做进一步实验验证。实验结果如图 8-31 所示。取 4 个烧杯，分别记为 1、2、3、4 号，将 100 mL 污泥置于烧杯中，加入 10% H_2SO_4 溶液使 2~4 号烧杯中的污泥 pH 值为 3.45，再在 3~4 号烧杯中加入 5.5 mL Fe_2SO_4 溶液和 5.5 mL H_2O_2 溶液，在 4 号烧杯中加入 0.035 g PAM，搅拌均匀，静置 30 min。将其与 1 号烧杯的原污泥一起用电动离心机进行离心，得到对应的污泥离心上清液，用浊度测定仪测其浊度。

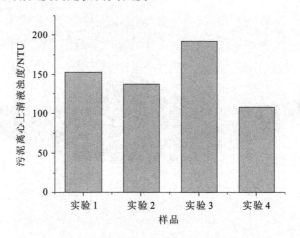

图 8-31 不同处理条件下剩余污泥的浊度

（注：实验 1，原污泥；实验 2，只加 H_2SO_4 溶液的污泥；实验 3，加 H_2SO_4 溶液与 Fenton 试剂的污泥；实验 4，酸化 Fenton 联合 PAM 调理的污泥。）

由图 8-31 可以发现，只加 H_2SO_4 溶液时，污泥的离心上清液浊度有所下降；但当再加入 Fenton 试剂时，污泥的离心上清液浊度却增大，经观察研究发现，污泥

在 H_2SO_4 溶液与 Fenton 试剂在耦合作用下,污泥会被明显氧化,污泥的颜色由黑色变为咖啡色,污泥离心上清液会比原污泥更为浑浊;但当再加入 PAM 时,污泥离心上清液会再次降低,此时的污泥离心上清液要比原污泥低。因此可以得出,酸化 Fenton 试剂联合 PAM 调理污泥时,可有效改善污泥的脱水性能。

8.2.6　污泥形状观察分析

取 100 mL 的剩余污泥,调节污泥 pH 值为 3.45,再分别投加 11 mL 的 Fenton 试剂和 0.35 mg 的 PAM 于污泥中,搅拌均匀,并静置 30 min 后,再次搅拌均匀后取一滴污泥置于 200 倍的光学显微镜的载玻片上,将图像调至清晰后观察污泥的表面结构,并与原污泥的表面结构对比进行分析。观察结果见图 8-32 和图 8-33。

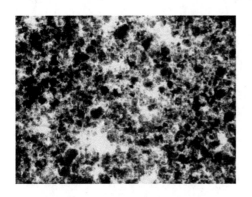
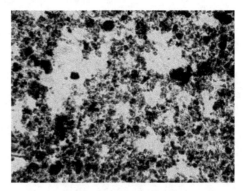

图 8-32　处理前的污泥表面结构　　　　图 8-33　处理后的污泥表面结构

由图 8-32 和图 8-33 可以看出,处理后的污泥分布比处理前的明显更加分散,泥水分离得更为彻底,由此推论,经过酸化 Fenton 联合 PAM 调理的污泥的脱水性能会有所改善,佐证了前面研究的结果。

8.2.7　污泥热重分析

取 100 mL 的剩余污泥,调节污泥 pH 值为 3.45,再分别投加 11 mL 的 Fenton 试剂和 0.35 mg 的 PAM 于污泥中,搅拌均匀,并静置 30 min 后,再次搅拌均匀后分别取原污泥和用酸化 Fenton 联合 PAM 调理后的剩余污泥于离心管中,以 3000 r/min 的转速对其进行离心 5 min,然后用热重分析仪对离心后的污泥进行热重(DTG-TG)分析,分析结果如图 8-34 所示。

由图 8-34(a)可以看出,原污泥的起始温度为 63.43 ℃,质量变化为降低 89.88%,残留质量为 6.16%,终止温度为 599.27 ℃,失重峰的峰值温度为 86.07 ℃,失重率为 19.38%/min。

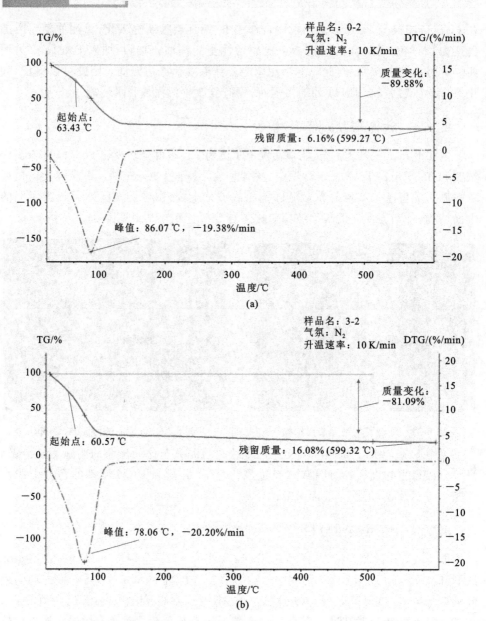

图 8-34　原污泥和酸化 Fenton 联合 PAM 调理剩余污泥热重曲线

（a）原污泥；（b）调理后污泥

　　由图 8-34（b）可知，经酸化 Fenton 联合 PAM 调理的污泥的起始温度为 60.57 ℃，质量变化为降低 81.09％，残留质量为 16.08％，终止温度为 599.32 ℃，失重峰的峰值温度为 78.06 ℃，失重率为 20.20％/min。

　　通过两个图的对比发现，酸化 Fenton 联合 PAM 调理后的剩余污泥的起始温度比原污泥的降低了 2.86 ℃,失重峰值比原污泥的前移了 8.01 ℃。由以上数据可知,联合处理的污泥比原污泥更容易去除其中的水分,有利于改善剩余污泥的脱水性能。

8.2.8　污泥粒径分析

100 mL 的剩余污泥,调节污泥 pH 值为 3.45,再分别投加 11 mL Fenton 试剂和 0.35 mg PAM 于污泥中,搅拌均匀,并静置 30 min 后,再次搅拌均匀后分别取原污泥和用酸化 Fenton 联合 PAM 调理后的剩余污泥于离心管中,以 3000 r/min 的转速对其进行离心 5 min,用 Mastersize 3000 粒度分析仪对离心后的污泥进行粒径分析。分析结果见图 8-35、图 8-36。

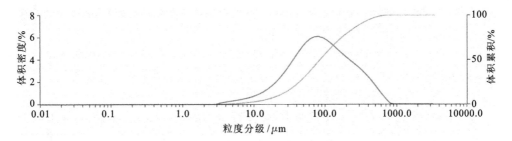

图 8-35　原剩余污泥的粒径分析曲线

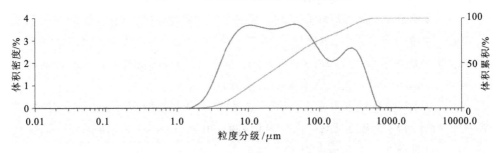

图 8-36　处理后的剩余污泥的粒径分析曲线

由图 8-35 和图 8-36 可以看出,原污泥小于 10 μm 的粒度为 2.748%,10~50 μm 的粒度为 21.276%,50~100 μm 的粒度为 29.009,大于 100 μm 的粒度为 44.525%,小于 100 μm 的粒度为 55.475%。处理后的污泥小于 10 μm 的粒度为 22.121%,10~50 μm 的粒度为 36.802%,50~100 μm 的粒度为 17.277%,大于 100 μm 的粒度为 23.800%,小于 100 μm 的粒度为 76.200%。

从以上数据发现,处理后的污泥小于 10 μm 的粒度比原污泥增多了19.373%,大于 100 μm 的粒度比原污泥降低了 20.725%,而 10~100 μm 的粒度与原污泥只相差 2.648%,变化不大。由此可以得出,总体上处理后的污泥粒径变小,泥水更加容易分离,从而使污泥脱水性能得到改善。

8.3 结　　论

经过了单因素实验,得到了 pH 值、Fenton 试剂、聚丙烯酰胺(PAM)调理活性污泥时的最佳范围,又通过多因素模型方差分析、RSM 响应曲面图分析确定了药剂的最佳投加量,最后通过验证实验验证了药剂的最佳投加量。由此一系列的实验过程结果,得出了如下结论:

(1) 酸处理的最佳反应条件为 pH 值为 3.45。当将剩余污泥的 pH 值调至为 3.45 时,毛细吸水时间为 20.2 s,泥饼含水率从 97.46% 降至 78.36%,离心沉降比为 27%,各项污泥指标均达到最佳值。

(2) Fenton 试剂的最佳反应条件为 0.11 mL/mL。在 Fenton 的投加量为 0.11 mL/mL 时,CST 为 17.5 s,泥饼含水率从 97.46% 降至75.11%,离心沉降比为 28%,各项指标均达到最佳值。

(3) PAM 试剂的最佳反应条件为 0.35 mg/mL。当 PAM 试剂的投加量为 0.35 mg/mL 时,CST 为 16.5 s,泥饼含水率从 97.46% 降至 74.21%,离心沉降比为 25%,各项指标均达到最佳值。

(4) 酸化、Fenton 试剂联合 PAM 试剂对改善剩余污泥的脱水性能有较明显的效果。在单因素实验中,单独投加 H_2SO_4 溶液、Fenton 试剂与 PAM 试剂时,泥饼含水率的最佳值分别为 78.36%、75.11%、74.21%,但酸化、Fenton 试剂联合 PAM 试剂调理污泥时,泥饼含水率的最佳值为 70.9%。

(5) 由光学显微镜观察发现,处理后的污泥分布比处理前的明显更加分散,粒径更小,泥水分离得更为彻底。由此推论,经过酸化、Fenton 试剂联合 PAM 试剂调理的污泥的脱水性能会有所改善。

(6) 用热重分析仪对经过酸化、Fenton 试剂联合 PAM 试剂调理后污泥进行分析发现,污泥的起始温度比原污泥降低了 2.86 ℃,失重峰值比原污泥的前移了 8.01 ℃,联合处理的污泥比原污泥更容易去除其中的水分,有利于改善剩余污泥的脱水性能。

(7) 用粒度分析仪对经过酸化、Fenton 试剂联合 PAM 试剂调理后的剩余污泥进行分析发现,处理后的污泥小于 10 μm 的粒度比原污泥增多了 19.373%,大于 100 μm 的粒度比原污泥降低了 20.725%,而 10～100 μm 的粒度与原污泥只相差 2.648%,变化不大,总体上处理后的污泥粒径变小,泥水更加容易分离,从而使污泥脱水性能得到改善。

参考文献

[1] 李立欣,赵乾身,马放,等.废水处理中污泥减量技术现状及发展趋势[J].水处理技术,2015,41(1):1-4.

[2] 汤连生,罗珍贵,张龙舰,等.污泥脱水研究现状与新认识[J].水处理技术,2016,42(6):12-17.

[3] 杨新海.污泥含水率与处置对策的关系[J].环境卫生工程,2013,21(2):15-17.

[4] 姚毅.活性污泥的表面特性与其沉降脱水性能的关系[J].中国给水排水,1996(1):22-26.

[5] 何文远,杨海真,顾国维.酸处理对活性污泥脱水性能的影响及其作用机理[J].环境污染与防治,2006(9):680-682,706.

[6] 刘英艳,刘勇弟.Fenton 氧化法的类型及特点[J].净水技术,2005(3):51-54.

[7] 李娟.Fenton 试剂的发展及其在剩余污泥处理中的应用[A].中国机械工程学会环境保护分会第四届委员会.中国机械工程学会环境保护分会第四届委员会第一次会议论文集[C].中国机械工程学会环境保护分会第四届委员会:2008:5.

[8] 伍远辉,罗宿星,谢胜吉,等.类芬顿试剂对污泥减量化处理研究[J].广州化工,2015,43(22):39-41.

[9] Tony M A,Zhao Y Q,Tayeb A M. Exploitation of Fenton and Fenton-like reagents as alternative conditioners for alum sludge conditioning[J]. Journal of Environmental Sciences,2009,21(1):101-105.

[10] 刘志军,肖勇,李志芳.聚丙烯酰胺的现状及发展的思考[J].江西化工,2003(2):44-45.

[11] 刘晓娜,孙幼萍,谭燕,等.PAM 絮凝剂对污泥脱水性能的影响研究[J].广西轻工业,2011,27(2):96-97.

[12] Li D B. Fractal geometry of particle aggregates generated in water and wastewater treatment process [J]. Environmental Science and Technology,1989,11:1385-1390.

[13] Ganjidoust H. Effect of synthetic and natural coagulant on lignin removal from pulp and paper waste water[J]. Water Science and Technology,1997,35(2/3):291-296.

[14] 郭亮.PAM 在污泥脱水中的筛选研究[J].环境科学与管理,2015,40

(7):113-115.

[15] 马俊伟,刘杰伟,曹芮,等.Fenton 试剂与 CPAM 联合调理对污泥脱水效果的影响研究[J].环境科学,2013,34(9):3538-3543.

[16] 周健,罗勇,龙腾锐,等.胞外聚合物、Ca^{2+} 及 pH 值对生物絮凝作用的影响[J].中国环境科学,2004(4):54-58.

[17] 潘胜,黄光团,谭学军,等.Fenton 试剂对剩余污泥脱水性能的改善[J].净水技术,2012,31(3):26-31,35.

[18] 杜艳,孙德栋,郭思晓,等.Fenton 试剂用于剩余污泥好氧消化的研究[J].大连工业大学学报,2011,30(4):274-277.

[19] 陈英文,刘明庆,惠祖刚,等.Fenton 氧化破解剩余污泥的实验研究[J].环境工程学报,2011,5(2):409-413.

[20] 裴晋,于晓华,姚宏,等.PAM 对制药污泥脱水性能改善及毒性削减[J].环境工程学报,2014,8(9):3939-3945.

[21] 刘军平,王晓昌,王兴斌.聚丙烯酰胺对活性污泥特性的影响研究[J].环境工程学报,2010,4(12):2669-2672.

9 污泥脱水处理存在的问题及未来的展望

污泥处理是对污泥进行浓缩、调治、脱水、稳定、干化或焚烧等无害化加工过程。而污泥脱水处理是污泥处理过程中最重要的环节,原因如下:第一,废水处理过程必然伴随着大量污泥的产生;第二,污泥成分复杂、含水量高,处理成本也较高,因此众多科研工作者把污泥脱水研究当成了自己毕生追求的事业。城市污泥由于产生量大,对生态环境影响较大,已成为威胁我国生态环境安全的主要污染源,利用各种方法改善城市污泥脱水性能成为研究的热点。

本书以城市污泥为研究对象、以响应曲面优化(RSM)为手段进行多因素、多水平的脱水性能改善研究,取得了一定的研究成果,达到了预期的目的,但实验过程、数据处理、测试手段、软件使用等环节仍需深入研究。

(1)实验过程:尽管实验过程包含许多因素,例如 Fenton 试剂、高铁酸钾、PAM 试剂、表面活性剂、硫酸钙、酸化、石灰、超声波、微波等,这些因素对污泥的脱水处理研究还略显不足,还有其他的因素都值得研究,例如叶蜡石、飞灰、水泥、秸秆、锯末、热解、超临界技术等。

(2)数据处理:在评价污泥脱水性能时,一般主要用污泥比阻(SRF)和毛细吸水时间(CST)指标,但在实验过程中,不同处理阶段的污泥 SRF 和 CST 表现出相关性偏离的问题,即相关性大小变化的问题,未来还需要继续探讨;此外,在数据处理过程中,还应加强各研究结果之间的比较。

(3)测试手段:本研究中对脱水性能指标使用了大量的测定方法,包括含水率、沉淀率、上清液浊度、污泥比阻(SRF)和毛细吸水时间(CST)、污泥颗粒大小、热重分析(TG-DTG),未来的研究中还要利用现代先进手段如电镜(SEM)、投射电镜、红外光谱等进行测试;此外,对污泥的脱水性能与流变性能的关系也应深入探讨。

(4)软件使用:本研究使用的软件比较多,包括 Origin、Design-Expert、Mathematica、SPASS 等,未来还可以使用更多软件对实验数据进行处理,找出更为简便、准确的处理方法。

　　污泥脱水处理伴随着社会的发展，尤其是城市污泥的脱水处理，原则是减量化、无害化、资源化，未来高效、智能化、低成本将是对污泥脱水处理的又一大挑战。因此，应紧密结合社会的发展和高新技术对污泥脱水进行研究，而污泥研究将是未来研究的重点。

　　在本研究的基础上，开展相关脱水性能改善机理研究；污泥中的水分分布及脱除效率关系研究；污泥中胞外聚合物（EPS）对水分的影响方式研究；污泥脱水不同阶段污泥比阻（SRF）和毛细吸水时间（CST）指标的相关性及机理研究；污泥结构对污泥脱水性能的关系研究；污泥脱水与污泥资源化的关系研究；污泥脱水与能量之间的关系研究等，是丰富基于响应曲面法（RSM）优化污泥脱水性能研究成果的最好实践。